U0385068

煤矿水害综合探测
与综合防治技术

杨　松◎著

吉林科学技术出版社

图书在版编目（CIP）数据

煤矿水害综合探测与综合防治技术 / 杨松著 . -- 长
春 : 吉林科学技术出版社 , 2023.5
ISBN 978-7-5744-0476-2

Ⅰ . ①煤… Ⅱ . ①杨… Ⅲ . ①煤矿—矿山水灾—探查
—研究②煤矿—矿山防水—研究 Ⅳ . ① TD745

中国国家版本馆 CIP 数据核字 (2023) 第 105658 号

煤矿水害综合探测与综合防治技术

著　　　杨　松
出 版 人　宛　霞
责任编辑　程　程
封面设计　刘梦杏
制　　版　刘梦杏
幅面尺寸　170mm×240mm
开　　本　16
字　　数　250 千字
印　　张　15.5
印　　数　1–1500 册
版　　次　2023年5月第1版
印　　次　2024年1月第1次印刷

出　　版　吉林科学技术出版社
发　　行　吉林科学技术出版社
地　　址　长春市南关区福祉大路5788号出版大厦A座
邮　　编　130118
发行部电话/传真　0431-81629529　81629530　81629531
　　　　　　　　　　81629532　81629533　81629534
储运部电话　0431-86059116
编辑部电话　0431-81629510
印　　刷　廊坊市印艺阁数字科技有限公司

书　　号　ISBN 978-7-5744-0476-2
定　　价　95.00 元

前　言

| PREFACE |

我国是世界上产煤量最多的国家之一，原煤总产量的90%以上属于井工开采。然而，我国煤矿地质、水文地质条件总体来讲十分复杂，受水害威胁的煤炭储量约占探明储量的27%，不少矿井面临水害威胁，煤矿水害事故在逐年上升。

我国许多煤田水文地质条件十分复杂，煤层开采过程中遭受多种水害的威胁。主要产煤的华北型矿区，东起徐州、淄博，西至陕西渭北，北起辽宁南部，南至淮南、平顶山一带，煤系基底为奥陶系石灰岩，岩溶发育，富水性强。而我国南方煤田，煤层下方茅口灰岩厚度达140～170 m，煤层底板至灰岩之间的隔水层厚度仅数米。这些区域内的矿井在开采过程中都不同程度地遭受岩溶承压水的威胁。而且，随着开采水平的延伸和开采范围的扩大，这种威胁日益严重。由此可见，矿井水害防治是煤矿安全生产中亟待解决的实际问题。

煤矿水害事故是仅次于瓦斯突出与爆炸的重大灾害事故，其造成的人员伤亡、经济损失一直居各类矿难之首，且在煤矿重特大事故中所占比重较大。煤矿水害主要是指在煤矿建设和生产过程中，不同形式、不同水源的水体通过某种导水途径进入矿坑，如孔隙水、煤系砂岩裂隙水、灰岩岩溶裂隙水、老窑（空）水、地表水体等通过断层、陷落柱、采动裂隙和封闭不良钻孔等导水通道溃入井下，给矿山建设与生产带来不利影响和灾害的过程及结果。因此，煤矿水害防治已成为重中之重。

本书首先介绍了煤矿水害探测的基本知识；然后详细阐述了煤矿水害防

治，以适应煤矿水害综合探测与综合防治技术的发展现状和趋势。本书共七章，主要包括煤矿水害探查技术、矿井水害预报和预防、煤矿水害防治的基础理论与方法、大水矿井的防水设施与要求、煤矿不同类型水害的防治、煤矿水害防治技术、煤矿水害探测技术实例分析。

　　本书突出了基本概念与基本原理，在写作时尝试多方面知识的融会贯通，注重知识层次递进，同时注重理论与实践的结合。希望可以对广大读者提供借鉴或帮助。

　　由于写作时间仓促，加之作者水平有限，书中难免有疏漏与不足之处，恳请广大同仁与读者批评指正。

目 录

| CONTENTS |

第一章　煤矿水害勘查技术 …………………………………………………… 1

　　第一节　水文地球化学勘查技术 …………………………………………… 1

　　第二节　同位素勘查技术 …………………………………………………… 3

　　第三节　化学示踪试验 ……………………………………………………… 7

　　第四节　井下放水试验 ……………………………………………………… 10

　　第五节　水文物探技术 ……………………………………………………… 14

　　第六节　物探技术在煤矿水害防治中的应用 …………………………… 29

第二章　矿井水害预报和预防 ……………………………………………… 37

　　第一节　矿井水害类型 ……………………………………………………… 37

　　第二节　水害预报 …………………………………………………………… 39

　　第三节　水害防治 …………………………………………………………… 39

　　第四节　探放水工程 ………………………………………………………… 50

　　第五节　断层水和强含水层的探放 ……………………………………… 59

第三章　煤矿水害防治的基础理论与方法 ……………………………… 62

　　第一节　我国的主要含煤地层 …………………………………………… 62

第二节　我国煤矿的水文地质特征与区域类型 …………………64

第三节　我国煤矿水害的主要类型及特点 ……………………71

第四节　煤矿水害发生的条件及主要影响因素 ………………75

第五节　矿井水文地质条件探测 ………………………………90

第六节　矿井水害预测 ……………………………………………103

第七节　矿井水文地质条件的数值模拟 ………………………113

第八节　矿井水害防治的科学决策 ……………………………120

第四章　大水矿井的防水设施与要求 ………………………127

第一节　水闸门、密闭门及水闸墙 ……………………………127

第二节　水闸门墙垛类型及厚度计算 …………………………129

第三节　密封式泵房 ………………………………………………130

第四节　大水矿井的延深、淹没与恢复 ………………………132

第五章　煤矿不同类型水害的防治 …………………………134

第一节　地表水害的防治 ………………………………………134

第二节　老窑水害的防治 ………………………………………139

第三节　松散孔隙水害的防治 …………………………………150

第四节　煤层顶板水害的防治 …………………………………155

第五节　煤层底板水害的防治 …………………………………162

第六节　煤矿水害防治经验 ……………………………………169

第六章　煤矿水害防治技术 …………………………………173

第一节　防水煤（岩）柱留设 …………………………………173

第二节　矿井涌水量预算 ……………………………………… 175

第三节　矿井注浆堵水技术 …………………………………… 180

第四节　矿井疏水降压技术 …………………………………… 191

第五节　矿井防排水技术 ……………………………………… 195

第六节　井下探放水技术 ……………………………………… 200

第七节　带压开采技术 ………………………………………… 205

第七章　煤矿水害探测技术实例分析 …………………………… 209

第一节　富源县老厂矿区某煤矿瞬变电磁探测技术分析 ……… 209

第二节　富源县老厂矿区某煤矿音频探测技术分析 …………… 215

第三节　富源县老厂矿区某煤矿槽波探测技术分析 …………… 222

第四节　其他煤矿区瞬变电磁探测技术分析 …………………… 226

参考文献 ………………………………………………………… 239

1

第一章 煤矿水害勘查技术

第一节 水文地球化学勘查技术

地下水主要来源于大气降水，其次是河水、湖水、融雪或冰川融化水等。由于河水、湖水、高山冰雪和冰川水等均来自大气降水，因此，可以说大气降水是地下水的最根本的来源。没有受到污染的大气降水，其化学成分含量非常低，甚至为零，在由地表向下入渗补给地下水的过程中及地下水在长期的水文循环过程中，与周围岩土体发生水-岩作用，岩土体中的化学成分进入地下水中，从而使地下水中含有很多化学组分。在人为活动越来越强烈的今天，地下水也会受到废水、废气、废渣、化肥和农药的污染，这也使得地下水中富集了天然水中本来含量甚微，甚至没有的有害有毒化学成分，如氰、汞、砷、锌、铅、镉、铬、锰、钼、亚硝酸、有机磷、细菌和病毒等。通过分析地下水中的化学成分，利用各种离子、分子、气体及有机质的含量及其相互关系，查明地下水化学成分的变化规律及其与形成环境（包括自然地理环境、地质环境及人类活动影响等）之间的内在联系，进而达到判断地下水形成条件、查明地下水污染源和寻找矿产资源的目的。因此，地下水化学成分的分析成为地下水理论研究、地下水调查与评价、水文地球化学找矿、地下水污染防治等水文地质工作的重要研究与勘探手段。

地下水主要来源于大气降水和地表水，这些水在进入地表前，已经含有某些物质，接触到岩土体后，与周围岩土体不断作用，化学成分不断演变，使得地下水中含有不同类型和浓度的化学成分。地下水中一般含有气体成分、离子成分、微量元素、胶体、有机物和微生物。

地下水化学成分的形成作用不同，同时又受地下水循环条件的影响，不同水文地质环境下地下水的水化学成分会有所不同。通过分析水化学成分，可以分析判断地下水的起源，分析其形成条件。尤其重要的是，矿井发生突水或涌水后，及时采集水样并进行水质分析，利用各种充水水源水化学成分上的差异，及时识别突水水源和通道，已成为煤矿水文地质条件勘查和研究中的重要手段。各含水层地下水水化学特征既有许多不同之处，又有许多相同点，如水质类型为 HCO_3–$Ca \cdot Mg$ 型的地下水可能是奥灰岩溶水，也可能是太灰岩溶水或冲积层孔隙水。水中的某些水质指标像一种水，而另外一些水质指标则像另一种水。因此，利用水质指标判断充水水源类型具有模糊性，属于介于"是"与"非"中间的模糊问题。各充水含水层地下水化学指标既有差异，又有相似之处。各充水水源水化学指标上的差异，是利用水质识别水源类别的主要依据，这种差异越大，就越容易识别。不同充水水源，其水质指标可能在多方面存在差异，应选取对识别水源类别贡献较大的指标作为识别因子。对水质简单分析而言，水质类型（或各离子组分当量百分比）、离子浓度、pH、硬度、固形物含量以及负硬度、暂时硬度等都可作为识别因子，它们组成识别水源类别的因素集。矿井突水水源有寒灰岩溶水、二灰岩溶水、八灰岩溶水、顶板砂岩裂隙水、冲积层水、采空区积水和地表水等，它们是水源类别的识别集。因素集 – 识别集之间存在复杂的映射关系，利用水质识别突水来源的过程就是建立并描述因素集到识别集间的映射关系。这种方法建立在各充水水源水质指标有差别的基础上，因此，必须事先大量采集矿井各充水水源水样，建立水质指标数据库，确定各水质指标的统计特征，从中发现彼此间的细微差别，作为识别突水水源的标准。如果水质指标没有差别，无论采用多么先进的方法，也无济于事。至于识别方法，简单的可用水质指标法及地下水化学成分 Piper 三线图，复杂的可用模糊数学隶属函数、神经网络法等，甚至可以编制水质识别矿井突水水源的软件，在计算机上完成水源识别工作。

第二节　同位素勘查技术

一、地下水中的同位素及其来源

自然界天然水中存在1000多种同位素，用于水循环研究的同位素主要是氘（D、^{2}H）、氚（T、^{2}H）、^{18}O和^{14}C，其中D和^{18}O属于稳定同位素，T和^{14}C属于放射性同位素。在自然界中，稳定同位素组成的变化很微小，用同位素丰度和同位素比值不能明显地表示这种细微差别。所以，一般用δ值来表示元素的同位素含量。δ值是指样品中两种稳定同位素的比值相对于国际标准平均海水（Standard Mean Ocean Water，SMOW）同位素比值的千分差值。

有许多天然过程可造成天然水中同位素化合物的差异，其中最重要的是蒸发作用和凝结作用。在蒸发过程中，轻的水分子H_2^{18}O比包含一个重同位素的分子（HD^{16}O或H_2^{16}O）更为活跃一些，因此，从海面蒸发的水蒸气比海水中的^{18}O少1.2‰~1.5‰，氘少8‰~12‰。大气中的水汽经连续的冷却凝结成云和雨，较为不活跃的重分子首先凝结，余下的水汽中的D和^{18}O会越来越少，结果来自同一初始水汽团的连续降水中的重同位素更少。水在蒸发和冷凝时，组成水分子的氢和氧同位素丰度将产生这些小的变化，这种现象被称为同位素分馏。自然界中的化学反应、不可逆反应、蒸发作用、扩散作用、吸附作用、生物化学反应都能引起同位素分馏。大气降水中氘、^{18}O同位素含量取决于同位素分馏作用程度，而分馏作用主要受降水形成时的温度控制。在大洋沿岸地区，降水的D、^{18}O值取决于该地区的年平均气温。赤道附近D、^{18}O都近似为0，而极地富集烃同位素，其值降为-400‰、-55‰。此外，即使在同一地点也存在这种温度效应，如寒冷期（冰期等）降水的D、^{18}O值完全不同于现代降水。正是温度效应，使得同位素含量呈现了一系列效应，主要包括纬度效应、高度效应、大陆效应、季节效应、量效应。

（1）纬度效应：即随着纬度的升高（温度降低），氘、氧-18的同位素含量变低（轻）。

（2）高度效应：即随着高度的升高，氘、氧-18同位素含量变低（轻）。根据统计资料，就^{18}O值而言，海拔高度每升高100m，就会下降0.2‰~0.6‰。

（3）大陆效应：即从海岸向内陆方向，氘、氧-18同位素含量变低（轻）。

（4）季节效应：即在夏季，氘、氧-18同位素含量高（重）；而在冬季，氘、氧-18同位素含量低（轻）。

（5）量效应：即降水量变大时，氘、氧-18同位素含量变低（轻）。

二、同位素在矿区水文地质研究中的应用

水的同位素广泛应用于解决或帮助解决各类水资源和水环境问题，如确定地下水补给来源，分析降水、土壤水、地表水和地下水间的相互转化，确定地下水形成年龄，判断地下水污染源以及分析地下水补给径流和排泄条件等。在矿区水文地质工作中，同位素常用于研究以下水文地质问题：

（一）判断矿区地下水和矿井水来源

如果地下水来源于不同区域降水的入渗补给，而且不同地区形成这些降水的蒸发和凝结条件各不相同，那么在这个研究区$\delta D \sim \delta^{18}O$相关性图上就会出现不同的斜率和截距，据此可以判断矿区地下水主要是由何处降水补给的。

（二）判断矿区地下水与降水、地表水之间的关系

地表水存在强烈的蒸发作用，氘和^{18}O含量一般高于降水和地下水。这样就可根据δD、$\delta^{18}O$值及$\delta D \sim \delta^{18}O$关系，判断地表水、降水与地下水是否存在水力联系。

（三）确定矿区地下水补给区位置

降水中的D和^{18}O含量与当地的海拔高度有关，如果地下水由降水补给，地下水中的D和^{18}O含量与补给区降水一致；如果地下水由河水补给，这时受河水补给的地下水，其δ^{18}O和δD值同当地由降水补给的地下水有明显差别。根据地下水中D和^{18}O的含量，并利用降水同位素含量与高程的关系，可以估算补给高程，确定补给区位置和补给来源。

（四）确定矿井涌水中各种补给水的混合比例

矿井水通常是由地下水、大气降水、地表水和采空区水等组成的混合水。当不同来源的水其氚或^{18}O含量存在明显差异时，根据矿井水、地下水和其他源水的同位素含量，可以估算矿井水中各种源水的混合比例。

三、利用同位素确定地下水形成年龄

目前，氚或^{14}C广泛用于估算地下水年龄。氚（^{3}H）是氢的放射性同位素，半衰期为12.31a。大气中的氚主要起源于宇宙射线作用引起的核裂变，被氧化成水，进而参与到水循环中。在高纬度地区，降雨中氚的天然背景值为25TU，在赤道带小于4TU。地下水主要来源于大气降水，核试验导致大量的氚随降水进入地下水中，因此，通过测定地下水氚的含量，可以确定地下水形成年龄。值得注意的是，随着核试验的减少，大气中的氚浓度降低，地下水中的氚含量也逐渐下降。目前，大气降水中的氚浓度逐渐接近自然背景值，利用氚估算出地下水年龄其精确度下降。^{14}C是碳的放射性同位素，其半衰期为5730a，是目前测定地下水年龄最成熟的方法之一。

四、利用^{14}C确定地下水年龄

自然界中所有参加碳交换的物质都含有^{14}C。某一含碳物质一旦停止与外界发生交换，如生物死亡或水中^{14}C以碳酸钙形式沉淀后，与大气及水中的二氧化碳就不再发生交换，那么，有机体和碳酸盐中的^{14}C将得不到新的补充，原始的放射性^{14}C就开始按照衰变规律减少。

五、地下水CFC测年方法

CFC是氯氟烃（Chloro Fluoro Carbons）的缩写，是一组由氯、氟及碳组成的卤代烷，20世纪30年代开始大量生产，广泛用于制冷剂、发泡剂、清洁剂和生产橡胶塑料等。早期市场上以CFC-11和CFC-12为主，20世纪70年代后CFC-113的用量逐渐增加。由于其特有的挥发性，90%以上的CFC最终进入大气圈和水圈。随着产量和消费量的增长，大气中的CFC含量开始快速增加，自1940年到现在，CFC-11、CFC-12和CFC-13浓度一直稳定增加，并且在全球大气圈中均匀分布。1992年以后，各国开始限制CFC的使用，CFC浓度增加速率变缓，并开始呈下降趋势。大气中的CFC可以溶解在降水中，并随降水渗入地下水系统中，导致地下水的CFC浓度变化。到目前为止，地下水中尚未发现有天然形成的CFC。因此，通过测量地下水的CFC浓度，可以判断地下水形成年龄和有无现代水补给，如果含有CFC，就表明一定有现代水补给。在水资源研究中有应用意义的CFC分别是CFC-11、CFC-12和CFC-13，同时测定它们在地下水中的浓度，可以推断地下水年龄，估算新老水的混合比例。

CFC测年的基本假设是：地下水中的CFC浓度与补给水进入含水层并随之与大气隔绝时大气圈中CFC是平衡的，进入含水层后的地下水未受到局部CFC源的污染，样品在采集、保存和分析过程中也未受到污染。也就是说，在含水层中的CFC不受后来地球化学、生物或水文过程的改变，水样中所含CFC浓度代表了取样时含水层地下水的含量。因此，通过测量地下水中的CFC浓度，结合已知"输入函数"和溶解度数据，就可以确定地下水形成年龄。

第三节　化学示踪试验

一、示踪试验及其意义

地下水示踪试验是指通过钻孔或地下坑道将某种能指示地下水运动途径的示踪剂注入含水层中，并借助下游井、孔、泉或坑道进行监测和取样分析，来研究地下水及其溶质成分运移过程的一种试验方法。示踪试验在水文地质工作中已有相当长的应用历史，是水文地质勘查中的重要手段。它除被用于测定地下水，特别是岩溶地下水的水动力弥散系数、地下水流速等参数外，更重要的是被用来查明示踪剂投放点与示踪剂接收点之间的水力联系。在矿区水文地质条件勘察和研究中，可以确定地下水向矿井的补给和径流通道、断层导水性、井下突水或涌水来源及通道等。在岩溶发育的地区，常被用于调查地下暗河—岩溶泉间的连通情况及各地下暗河岩溶水间的水力联系等。此外，示踪试验也是查明水库及大坝有无渗漏及渗漏位置的常用试验手段。

二、示踪剂类型

在示踪连通试验中，选择合适的示踪剂关系到试验的成败。理想的示踪剂应是无毒，易溶于水，化学性质稳定，在地下水运移过程中不被土壤及围岩所吸附，不受离子交换影响，检测方便和价格低廉等。完全理想的示踪剂不存在，只能根据试验条件和要求选择。早期的示踪试验常用食盐NaCl作为示踪剂，现阶段常用的示踪剂有盐类、荧光染料类、浮游物类、放射性同位素等。

常用的盐类示踪剂有NaCl、KCl等，这类示踪剂的优点是价格便宜，性质稳定，对环境影响小。缺点是氯化物和钠离子是地下水中的主要化学成分，背景值较高，示踪试验时要求投放量大，其用量通常以吨计，有时甚至需要几十吨，即便如此，因地下水中背景值高，也难以达到理想的示踪效果。

荧光染料类主要有普通色素（如食品红等）和荧光色素，此类示踪剂的优点是直观，分析方法简单。缺点是检出限不够低，而且检测结果受人为因素影响较大，不能适应复杂的地质环境，难以满足大型示踪试验的要求，最适用于简单水文地质环境中的小规模示踪试验。浮游物类示踪剂主要是石松孢子及酵母菌等，取样和分析方法复杂，使用者不多。放射性同位素类有氚（H^3）、碘（I^{131}）、Na^{24}、铬（Cr^{512}）等。由于放射性同位素对环境有辐射作用，不适宜投放到水体，尤其是地下水中，其使用受到严格的限制，要经环保部门审批。

中国地质科学研究院岩溶地质研究所研制出钼酸铵示踪剂，并开发了室内和野外检测仪器。大量地下水示踪试验证实，钼酸铵示踪剂是一种理想的大型地下水示踪试验示踪剂。

三、示踪试验类型

按照示踪剂投放点和接收点数量及组合方式，示踪试验可以分为单点投放单点接收、单点投放多点接收、多点投放单点接收、多点投放多点接收四种类型。

单点投放单点接收的试验方式用于查明地下水在投放点—接收点之间有无水力联系和通道，目的单一，容易进行。单点投放多点接收的试验方式主要用于查明投放点与多个接收点之间的水力联系，如在地下暗河的入水口投放示踪剂，在其可能流经的地下暗河、地表泉水出露点等多个部位采集水样，以确定岩溶水的流经通道。

多点投放单点接收方式用于查明接收点地下水或矿井水的补给来源、补给通道以及补给口的位置，需要在多点投放不同类型的示踪剂，在相同地点采集水样并进行水质分析。不能同时投放多种示踪剂时，也可将其改为单点投放单点接收的试验方式，但需要分批次进行，两次示踪试验要有足够的时间间隔，以保证前一次试验对下一次试验不产生影响。多点投放多点接收示踪方式最复杂，需要在多点投放不同类型的示踪剂，在多点采集水样进行接收，试验复杂且难度高，不便于实施。

四、大型放水和示踪联合试验

在华北石炭—二叠纪岩溶型煤田中，石炭系薄层灰岩和奥陶系灰岩岩溶发育，裂隙是岩溶地下水的主要含水介质，各种不同规模的裂隙相互交叉构成裂隙网络，裂隙网络是地下水的主要渗流和储水空间。裂隙发育具有显著的非均匀性、不连续性和各向异性，其间水的运动也具有各向异性、不连续等裂隙水渗流特有的特征。例如，进行大型抽水（放水）试验或井下发生大型突水时，沿矿区主要裂隙方向上地下水渗流迅速，水位反应敏感，而其他方向因地下水渗流缓慢，水位变化不明显或没有变化。矿区地下水径流通道非常复杂，示踪试验时示踪剂自投放点向接收点径流通道不是单一的。由于示踪剂主要以地下水为载体向前运动，在投放点至接收点之间地下水必须存在水头差和保持径流状态。天然条件下，地下水水力坡度很小，运动速度非常缓慢。因此，在矿区进行示踪试验时，可以将放水试验和示踪连通试验结合在一起，利用放水试验形成的疏降流场，促进示踪剂迁移。

五、碘化钾和氟化钠示踪剂

示踪试验中，以碘化钾和氟化钠作示踪剂，均取得较好的示踪效果。选择碘化钾和氟化钠的理由是：岩溶水中的碘和氟背景值低，示踪剂的投放量不需要很大，每次用量在（2～5）kg之间就能达到检测要求，在化学试剂商店均能买到，价格低廉；碘化钾和氟化钠在水中有足够大的溶解度且化学性质稳定，基本不与其他环境中的物质发生化学反应；有方便快捷的检测手段，甚至现场可以检测，检测仪器的灵敏度和精度满足要求；示踪剂无毒或毒性很小。碘化钾是食盐中的添加剂，氟化钠毒性很小，是牙膏中的添加剂。

第四节　井下放水试验

一、放水试验目的及任务

放水试验是利用井下巷道标高或放水钻孔孔口标高低于含水层水位标高的特点，使承压水自流涌入矿井，从而在含水层中形成一定规模的水位降落漏斗。放水试验的原理、技术要求和资料整理方法与抽水试验基本相同，与抽水试验有所不同的是：抽水试验是利用抽水设备从钻孔中抽水，抽水量可以人为控制，而放水试验是承压水通过钻孔或巷道以自流方式涌入矿井中，水量随着水位的下降而降低；除非是为确定井下放水钻孔的单孔出水量，单孔放水试验意义不大，一般进行多孔或群孔放水试验。

放水试验，尤其是大流量多观测孔的放水试验，对查明矿区或井田水文地质条件有非常重要的意义，是煤矿水文地质勘探的重要手段。放水试验有以下五个方面的作用：

（1）通过大型放水试验形成的地下水疏降流场，可以全面认识和评价含水层富水性、地下水补径排条件、可疏放性、补给通道位置等，对指导矿井防治水有重要意义。

（2）基于放水试验获得的水量和水位数据，可以利用地下水动力学理论和方法确定水文地质参数（渗透系数、导水系数、给水度、弹性给水度等），且所求参数要比用单孔抽水试验求得的参数更符合实际。

（3）放水试验可以获得水量及其对应的水位降深，这为用多种方法，如解析法、数值模拟法、水量-降深相关曲线法计算和预测矿井涌水量提供了可能。多种方法计算的结果可以相互验证，使预测结果更符合实际。

（4）放水试验时可以在断层两盘、不同的含水层、不同采区和水文地质单元布置水位观测孔，进而分析这些观测孔与放水点、各个观测孔之间地下水的水力联系，评价断层导水性，判断过水通道位置，全面了解井田水文地质特征的空间差异性等。

（5）放水试验与示踪试验可以联合进行。放水试验形成的水位疏降流场，能够促进示踪剂在含水层的迁移，便于确定投放点与接收点之间的水力联系。

二、放水试验方法

煤矿放水试验按放水孔数量的多少，有单孔放水试验和多孔放水试验之分。单孔放水试验一般仅用于评估单个钻孔的出水量，了解含水层富水性，判断放水孔与相邻钻孔是否连通等。由于水量小，所以形成的水位降落漏斗范围有限，对勘察井田或采区等较大区域的水文地质条件作用不大。群孔大流量放水试验，能带动大范围的水位下降，可以充分揭露含水层的水文地质条件，对查明矿区或井田水文地质条件、反求水文地质参数和预测矿井、开采水平涌水量，都具有重要意义。

煤矿放水试验按地下水运动参数与时间的关系，分稳定流放水试验和非稳定流放水试验。需要注意的是，无论是稳定流放水试验，还是非稳定流放水试验，试验过程中放水量是随时间变化的，这与水文地质勘探中的稳定流和非稳定流抽水试验有所不同。抽水试验一般是定流量抽水。稳定流放水试验是以放水后地下水进入稳定状态，即水位和水量不再随时间变化为目的的，放水过程中，放水量和水位都会随时间变化。

稳定流放水试验原则上要进行三个落程，因为只有取得三组稳定后放水量和降深对应数据，才能建立水量-降深相关方程，进而预测未来疏放条件的涌水量。当然，如果另有其他试验目的，也可以进行两个落程甚至一个落程的放水试验。

非稳定流放水试验无须进行三个落程，但要按照非稳定流抽水试验对水位和水量的观测要求进行水位和水量的观测。设计非稳定流放水试验方案时，应考虑试验目的和任务。如果仅进行一个落程，依靠水量和水位降深数据预测涌水量和反求水文地质参数，只能用非稳定解析法和数值模拟法进行计算，这样可能面临着水文地质边界条件不符合非稳定井流条件，或建立数值模型过程复杂，使计算难于进行的问题。将稳定流放水试验和非稳定流放水试验结合在一起进行"三落程非稳定流放水试验"，不仅可以获得丰富的试验数据，也可采用水量–降深相关曲线法、稳定流解析法、非稳定流解析法、数值模拟法等多种途径，建立预测矿井涌水量的数学模型，预测未来疏放水条件下的矿井涌水量。

当以勘查断层导水性、评价含水层可疏放性、检验疏放水效果等为目的进行放水试验时，试验方式和水位观测孔的布置可以灵活多样。

三、放水试验技术要求

放水试验技术要求可以参照水文地质勘探中抽水试验的技术要求，但要注意以下问题：

（1）放水试验通常是在煤矿生产过程中进行的，设计放水量时，不仅要考虑试验目的，还必须考虑矿井排水能力，最大放水量连同矿井其他地点的涌水量不能超过矿井排水能力，确保矿井安全生产。

（2）进行多落程放水试验时，放水顺序是先小流量放水，然后逐级增加放水量。

（3）放水试验时，观测孔的布置和数量要根据试验目的确定。一般来说，煤矿可以利用的地面观测孔少，应根据试验目的和任务在井下布置测压孔，尤其要在放水孔附近布置1~2个测压孔。

（4）要同步观测放水孔流量、地面观测孔水位、测压孔水压，观测频率可以按照试验开始后的第1min、2min、3min、4min、5min、6min、7min、8min、9min、10min、12min、14min、16min、18min、20min、25min、30min、40min、50min、60min、70min、80min、90min、100min、110min、120min时间进行测量，此后每隔30min测量1次。

（5）进行大流量放水试验时，如采用人工观测水位和水量，很难实现水量、水位和水压的同步观测，也影响观测数据的质量。目前，许多煤矿都装有水位水量自动量测和传输系统，可自由设置观测时间间隔，将其用于放水试验，则有助于放水试验取得高质量的观测数据，并可随时掌握试验进度。

（6）放水试验达到稳定的判断标准：静止水位和恢复水位符合下列条件之一时，认为达到稳定，可进入下一个落程的放水试验或水位恢复阶段的观测：连续3h水位不变；水位呈单向变化时，连续4h内每小时水位升幅或降幅不超过1cm；水位呈锯齿状变化时，连续4h内水位升降最大差值不超过5cm；采用压力表观测时，连续8h指针不动。虽不满足上述要求，但总观测时间若超过72h，即可停止观测。

流量变化幅度=（观测值与平均值的最大差值/平均值）×100%，且不大于3%。稳定时间内流量变化幅度系指在平均值上、下跳动幅度。若流量差值已符合要求，但历时曲线呈单一方向持续下降或上升时，放水试验时间应再延长8h以上。

四、放水试验一般要求

（1）试验前要编制放水试验设计，确定试验方法、各次降深值和放水量。放水量既不能超过矿井排水能力，又要兼顾距离放水孔较远的观测孔也有明显的水位降深。放水试验设计书包括以下内容：

①试验目的、任务和试验方法。

②放水孔布置方案和放水量设计方案。要对放水孔统一编号，根据单孔出水量和试验所确定的放水量，确定每个落程开启放水孔编号、数量和顺序。

③水位和水压观测孔布置方案。根据试验目的和任务制定放水试验过程中地面观测孔和井下测压孔布置方案。观测孔数量不能满足试验目的时，应提出增补观测孔的方案。

④制定水位、水压和水量观测方法和技术要求。

⑤编制放水试验组织方案。进行大型放水试验且采用人工观测时，需要人员和测量设备较多，要编制人员组织方案，每个观测点都要定员、定岗和定责。要成立放水试验临时领导机构，如设立领导组、技术组、观测组、检

查与督导组、安全保障组和后勤保障组等。

⑥制定放水试验安全技术措施。

（2）做好放水试验前的准备工作包括：安排观测人员、准备水位和水量量测仪器和设备、安装调试水位水量自动观测系统、检查矿井排水路线、检查放水孔阀门启闭是否正常、疏通排水沟、校核排水系统及能力。必要时，正式放水试验前进行试验性的放水，一旦发现问题，及时整改。

（3）放水试验前统测观测孔、测压孔水位、水压和水温，测量各涌水点标高、水量及整个矿井排水量，采集水样进行水质分析。

（4）根据试验目的和任务，确定放水试验的延续时间。

（5）放水试验过程中，要及时将观测数据录入台账，并绘制水量、水位历时曲线。

（6）放水试验结束后，要及时整理试验数据绘制各种图表，编制放水试验总结报告。

第五节　水文物探技术

一、矿井水文物探方法概述

矿井物探依其技术原理可分为三大类，即矿井地震法、矿井电磁法、其他地球物理方法。矿井地震法主要包括槽波法、地震透视法、地震波幅法、纵波速度法、横向层波法、折射地震法、高频地震法、巷道地震反射法、瑞利波法、矿井地震超前探测法、岩体声波探测法、声发射与微震技术、弹性波技术等。矿井电磁法主要包括井下直流电法、高密度电阻率法、瞬变电磁法、音频电透法、无线电坑透法、地质雷达法等。其他地球物理方法有矿井重力测量、矿井磁力测量、超声波法、红外线法、放射性法等。目前，煤矿常用的水文地质物探方法有矿井直流电法、矿井高密度电法、地面或井下瞬变电磁法、矿井无线电波透射法、矿井地质雷达和音频电穿透法等。

矿井直流电法是以岩石的电性差异为基础，通过布置在巷道内的供电电极，在巷道周围岩层中建立起全空间稳定电场，应用全空间电场理论处理和解释矿井水文地质问题。矿井直流电法具有理论成熟、方法灵活、抗干扰能力强的优点，已经成为煤矿井下勘查水害的常规方法。防爆型的直流电法仪或高密度电法仪是煤矿普遍配置的水害探测装备。它广泛用于勘查巷道顶板、底板或掘进头前方岩层富水性状况、断层及破碎带、岩溶裂隙、陷落柱、采空区等地质体的水害异常。井下直流电法测量常采用单极偶极装置、对称四极测深装置和三极测深装置，单极偶极装置主要用于巷道掘进头前方或侧帮富水异常的探测，对称四极测深和三极测深装置主要用于巷道底板富水异常的探测。

高密度电阻率法的基本原理与传统的电阻率法完全相同，不同的是在观测中设置了较高密度的测点，现场测量时，只需将全部电极布置在一定间隔的测点上，然后进行观测。由于高密度电阻率法使用电极数量多，而且电极之间可以自由组合，所以可以获得更多的地电信息，使电法勘探能像地震勘探一样使用覆盖式的测量方式。与常规电法相比，高密度电阻率法具有以下优点：一次性完成电极布设，减少了因电极设置引起的干扰和由此带来的测量误差；数据的采集和收录全部实现了自动化，不仅采集速度快，而且避免了由人工操作所引起的误差和错误；可实现资料的现场实时处理和脱机处理，大大提高了电阻率法的智能化程度。

瞬变电磁法是利用不接地回线或接地线源向地下发射一次脉冲磁场，在一次脉冲磁场间歇期间利用线圈或接地电极观测地下介质中引起的二次感应涡流场，从而探测介质电阻率的一种方法。当发射线圈中的电流突然断开后，地下介质中就要激励起二次感应涡流场，以维持在断开电流以前存在的磁场。二次涡流场呈多个层壳的"环带"型，其极大值沿着与发射线圈平面成30°倾角的锥形斜面随时间的延长向下及向外传播，不同时间到达不同深度和范围。二次涡流场的表现与地下介质的电性有关。同类岩层相比，岩层较为完整时电阻率一般相对较高，引起的涡流场较弱；而岩层破碎，尤其是富水时电阻率较低，引起的涡流场较强，所以通过观测二次涡流场，就可以了解地下介质的电阻率分布情况，进而判断地层岩性及构造等特征。瞬变电磁勘探是纯二次场观测，故与其他电性勘探方法相比，具有体积效应小、纵横向分辨率高、对低阻反应灵敏等特点，已成为水文地质探测的常规物探方法，广泛应用于矿区地层富水性探测、采空积水区探测、岩溶陷落柱探测、断层富水导水带探测等方面。瞬变电磁法在煤矿水文探测实践表明，圈定的低阻富水异常区确实存在，但异常区准确位置、采掘过程中是否出水、水量高低与井下实际揭露并不完全对应，会出现富水区无水的情况，也会出现高阻区涌水情况。之所以会如此，并非瞬变电磁勘探存在技术问题，而是地面探测深度大，造成物探解释出现偏差。相比而言，井下瞬变电磁勘探因探测深度不大，降低了探测深度大可能造成的偏差，准确性好于地面，但其也有不足之处，井下瞬变电磁勘探在探点下有深15m的盲区。

矿井无线电波透射法是利用不同的岩石对无线电磁波能量的吸收差异，构造界面对电磁波反射和折射作用，使其能量被吸收或屏蔽原理进行解释推断。由于该方法的收发装置分别位于工作面的两个巷道内，观测电磁波经过工作面后的场强衰减值，所以能够探明工作面煤层内部的构造发育和富水区域的分布情况，但该方法难以探明煤层顶、底板内的地质异常。

矿井地质雷达是电磁波在传播途中遇到不同电性分界面或不均匀地质体产生反射（回波），在时间域识别回波并确定其旅行时间，从而确定界面或地质体的空间位置。矿井地质雷达法对富水性的解释有一定困难，另外，其高频脉冲特点决定了探测距离有限，一般为几十米至百米。

音频电穿透法也是以岩石的导电性差异为基础，人工向地下供入音频电流，观察大地电场的分布规律，从而确定岩、矿体物性的分布规律及地质构造特征。其探测原理与直流电法物探完全相同，但施工方法、资料处理技术及探测用途与直流电法物探有显著区别，可用于探测采煤工作面内顶板、底板一定深度范围内地层富水状况、含水构造及富水区空间分布等。

二、瞬变电磁物探

（一）瞬变电磁物探原理

瞬变电磁法的激励场源主要有两种：一种是回线形式（或载流线圈）的磁源；另一种是接地电极形式的电流源。下面以均匀大地的瞬变电磁响应为例，说明回线形式磁偶源激发的瞬变电磁场，阐述瞬变电磁法测深的基本原理。

在t=0时刻，将电流突然断开，由该电流产生的磁场立即消失。一次磁场的这一剧烈变化通过空气和地下导电介质传至回线周围的大地中，并在大地中激发出感应电流，以维持发射电流断开前存在的磁场，使空间的磁场不会即刻消失。由于介质的欧姆损耗，这一感应电流将迅速衰减，由它产生的磁场也随之迅速衰减，这种迅速衰减的磁场又在其周围的地下介质中感应出新的强度更弱的涡流。这一过程继续下去，直至大地的欧姆损耗将磁场能量消耗完毕为止。这便是大地中的瞬变电磁过程，伴随这一过程存在的电磁场便是大地的瞬变电磁场。

电磁场在空气中传播的速度比在导电介质中传播的速度快得多，当一次电流断开时，一次磁场的剧烈变化首先传播到发射回线周围地表各点。因此，最初激发的感应电流局限于地表。地表各处感应电流的分布也是不均匀的，在紧靠发射回线一次磁场最强的地表处感应电流最强。随着时间的推移，地下的感应电流逐渐向下、向外扩散，其强度逐渐减弱，分布趋于均匀。美国地球物理学家M.N.Nabgban对发射电流关断后不同时刻地下感应电流场的分布进行了研究，研究结果表明，感应电流呈环带分布，涡流场极大值首先位于紧挨发射回线的地表下。随着时间的推移，该极大值沿着与地表成30°倾角的锥形斜面向下、向外移动，强度逐渐减弱。

任一时刻地下涡旋电流在地表产生的磁场可以等效为一个水平环状线电流的磁场。在发射电流刚关断时，该环状线电流紧接发射回线，与发射回线具有相同的形状。随着时间的推移，该电流环向下、向外扩散，并逐渐变形为圆电流环。等效电流环很像从发射回线中"吹"出来的一系列"烟圈"，因此，人们将地下涡旋电流向下、向外扩散的过程形象地称为"烟圈效应"。

地下感应涡流向下、向外扩散的速度与大地导电率有关，导电性越好，扩散速度越慢。这意味着在导电性较好的大地上，能在更长的延时后观测到大地瞬变电磁场。从"烟圈效应"的观点看，早期瞬变电磁场是由近地表的感应电流产生的，反映浅部电性分布；晚期瞬变电磁场主要由深部的感应电流产生，反映深部的电性分布。因此，观测和研究大地瞬变电磁场随时间的变化规律，可以探测大地电位的垂向变化，这便是瞬变电磁测深（TEM）的原理。

（二）井下瞬变电磁物探的特点

由于煤矿井下特殊的施工环境，井下瞬变电磁勘探具有以下特点：

（1）受井下巷道施工空间所限，无法采用地表测量时的大线圈（边长大于50m）装置，只能采用边长小于3m的多匝小线框，探测深度虽然不及地面瞬变电磁勘探，但具有测量设备轻便、工作效率高、成本低和测量精度高、探测结果准确性高等优点。与直流电法相比，它不仅可以对巷道顶底板、巷道掘进头前方及侧帮进行探测，更重要的是可以对采煤工作面内部煤层顶底板地层进行探测。

（2）由于采用小线圈测量，所以点距更密（一般为2～20m），体积效应降低，横向分辨率提高，再者测量装置靠近目标体，异常体感应信号较强，具有较高的探测灵敏度。井下瞬变电磁勘探因探测深度不大，降低了探测深度大可能造成的偏差，其准确性好于地面。

（3）利用小线框发射电磁波的方向性，可以探测采煤工作面顶板、底板含水异常体的空间分布，探测巷道迎头前方隐伏的富水构造。

（4）受发射电流关断时间的影响，早期测量信号畸变，无法探测到浅层的地质异常体，从而使得井下瞬变电磁勘探在探点下有深15m的盲区。

（5）井下进行瞬变地磁勘探时，巷道内有采煤机械、变压器、支架、排水管道等金属物体，均是强干扰源。在资料处理解释过程中，要进行校正或删除异常。

（三）井下物探施工方法

矿井瞬变电磁法经常使用的工作装置形式主要有重叠回线和偶极—偶极两种。重叠回线装置形式地质异常响应强、施工方便，但线圈间存在较强的互感，一次场影响严重；偶极—偶极装置收发线圈互感影响小，消除了一次场影响，但二次场信号弱，不易于地质异常体识别。

1.装置参数设计

矿井瞬变电磁法在井下巷道中采用多匝数小回线测量装置，参数选择是否合理直接影响测量结果。其装置参数主要有回线边长大小、回线匝数、叠加次数、终端窗口和增益等。

回线边长大小与回线匝数的选择由地质探测任务决定。线圈边长越小，其体积效应也越小，纵、横向分辨率越高；但回线边长太小，就会影响到发射磁矩，大大降低勘探深度。由于井下施工空间有限，回线边长不能太长，否则不便于施工。信号的强弱可通过选择中心探头的挡位和调整发送电流的大小进行控制，在回线边长确定的情况下，回线匝数越多，发射磁矩越大，接收回线感应信号也越强，相应的探测深度加大，但会增加装置移动的难度、叠加次数、终端窗口、增益等其他参数，正式工作前可通过试验加以确定。总之，矿井瞬变电磁法在实际测量中可根据探测任务的要求和井下设施的情况，选择合理的回线边长长短和回线匝数，既能有效地完成探测任务，又能提高实际探测的工作效率和减小测量中的劳动强度。

2.测点布置方法

矿井瞬变电磁法在煤矿井下巷道内进行，测点间距在2～20m之间。根据多匝小线框发射电磁场的方向性，可认为线框平面法线方向即为瞬变探测方向。因此，将发射接收线框平面分别对准煤层顶板、底板或平行煤层方向进行探测，就可反映煤层顶、底板岩层或平行煤层内部的地质异常。其线框所在平面与顶底板夹角视探测要求与煤层倾角而定。

3.井下干扰源

矿井瞬变电磁法测量环境位于井下巷道内，离地面深度一般大于500m，地面影响瞬变电磁测量的各种干扰源对井下的瞬变电磁法测量影响很小，可不予考虑，但受井下生产设施的影响，主要包括巷道底板上的铁轨、工字钢支护、锚杆支护、运输带式输送机支架等各种金属设施。这些金属设施在井下瞬变电磁法探测中能产生很强的瞬变电磁响应。例如，在巷道底板采用重叠回线装置测量时，有铁轨地段要比无铁轨地段瞬变电磁响应强。因此，系统研究井下瞬变电磁超前探测中各种噪声的瞬变电磁响应特征，对矿井瞬变电磁法数据采集、资料处理和解释工作有重要的实际意义。

巷道内铁轨、锚网支护、运输皮带及各种电缆在瞬变电磁探测中是一种低阻响应，使得实测视电阻率减小几个数量级，但此类影响在测线方向上往往是均一的，可作为一种背景异常进行校正。对于巷道内其他孤立的金属机电设备（如变压器、电动机、密集钢梁支护等），在实测时应偏移测点位置尽量避开，同时做好记录，以便在资料解释时消除此类影响。

4.物探数据处理及解释

瞬变电磁法的资料解释步骤是：首先对采集到的数据进行去噪处理，根据晚期场或全期场公式计算视电阻率曲线，其次进行时深转换处理，得到各测线视电阻率断面图，最后根据探测区的地球物理特征、TEM响应的时间特性和空间分布特征并结合矿井地质资料进行综合解释，划分岩层富水区分布范围。视电阻率是数据处理得到的基本参数。同时，根据资料的实际情况还应进行滤波、成像、一维正（反）演等处理，直至获得合适的解释数据。瞬变电磁资料的处理和解释工作往往是同时进行的，它们之间存在一种从实践到认识的提高过程。资料解释建立在资料处理后的感应电压多测道断面图、视电阻率拟断面图的基础上。为提高解释的客观性及准确性，初步解释后调整处理的窗口（测道）范围，之后反复处理和解释。通过与已知地质的对比分析解释，掌握本测区的地电-地质规律，建立适合测区解释的地电-地质模型。

三、音频探测

（一）音频电透视简介

1.矿井音频电透视原理

不同岩性地层的物性差异不同，一般变化规律为从泥岩、粉砂岩、细砂岩、中砂岩、粗砂岩、砾岩到煤层，电阻率值逐渐增高，即煤层相对其顶、底板为一相对高阻层。测区内正常地层组合条件下，在横向与纵向上物性都有固定的变化规律可循。但当局部构造发育或充水裂隙发育时，由于其导电性良好，从而在纵向与横向上都打破了原有电性的固有变化规律。上述物性变化的存在为以电性差异为应用前提的电磁法勘探方法的实施提供了良好的地球物理条件。由于地下各种岩（矿）石之间存在导电差异，影响着人工电场的分布形态。矿井音频电透视法就是利用专门的仪器在井下观测人工场源的分布规律来达到解决地质问题的目的。从大的范畴来说，矿井音频电透视法仍属矿井直流电法。与地面电法不同的是，矿井音频电透视法以全空间电场分布理论为基础。因其施工方法技术、资料处理技术的差异及主要针对性（探测采煤工作面内部的水文异常地质体）等原因而形成了矿井音频电透视法分支。

2.适用条件

该技术主要应用于回采工作面或两顺槽间（透距≤350m）顶、底板岩层水文异常地质体探测，主要勘查两顺槽间顶板100m高度（或底板100m深度）范围内水文异常地质体的空间位置、分布形态及含水性相对强弱等。

3.现场操作

矿井音频电透视技术施工前先做井下标点、定位工作。发射点的间距为50m，对应巷道的一定区段进行扇形扫描接收。在井下施工时，可以根据巷道具体情况、施工中测量发现的异常情况及对巷道已揭露断层裂隙区域的充分控制，适当调整发射点位和接收范围。

（1）一般采用"轴向单极-偶极"装置、一发多收的方式工作，即在一条巷道内某点发射（供电），在本工作区域另一条巷道对应点左右一定范围内接收，形成一个扇形扫描区。

（2）测网密度一般要求供电点距50m，接收点距10m。若透距较小（如小于80m），应加密到20~30m一个供电点、5m一个接收点进行施工。

（3）对应每个发射点，在另一巷道的扇形对称区间20个点左右进行观测，以确保测区内各单元有3次以上发收射线覆盖。

（4）"角色互换"，一条巷道发射另一条巷道接收完成全部测点后，发射、接收互换再进行同样的探测工作。

4.资料处理

资料处理一般采用层析成像方法解释。矿井音频电透视层析成像是利用穿过采煤工作面内的沿许多电力线（由供电点到测量点）的电位降数据来重建回采工作面电性变化图像的。层析成像图件是以颜色分级的，原则上分多级，以便更细致地划分电性的递变规律。但实际解释中，应结合有关已知地质资料来划分级别，使物探资料更切合实际地质规律。构造类型则根据异常形态结合地质条件与构造发育规律进行综合分析推断。

根据探测获得的数据，以计算获得的各层段视电导率值为参数进行成图、分析与解释，一般圈定"参数值≥平均值+标准偏差"的区域为探测的水文异常区，提交使用。

（二）音频电透视探测技术在煤矿探测的应用特点

1.无"空白区"与"盲区"

（1）对于工作面来讲，电磁信息从一条顺槽发射，从另外一条顺槽接受，电磁信息具有穿透的特点。因此，探测成果能够反映整个工作面的富水性信息。而不是沿两顺槽单边既发射又接受的探测方式，避免了因有效探测距离较小、工作面宽度较大而中间出现探测空白区的弊端。

（2）无"盲区"。瞬变电测探测方式，因受探测方式因素的制约，近顺槽区域往往存在20~30m的探测盲区。音频电透视探测技术具有电磁穿透的特点，没有探测盲区，更能反映探测区的真实信息。

2.抗干扰强，受环境因素影响小

音频电透视采用低频正负方波建立人工电场、对应频率接受。因设定频率建场与接受，排除了其他频率电信号干扰；因频率较低（小于120Hz），电场传播受井巷表面金属导体影响较小。

3.信息量大

音频电透视探测一点发射，多点接收和发射顺槽与接收顺槽互换的方式，形成多个扇形扫描区复合重叠，使探测信息的密集度增加，大大增加了探测的信息量，更能确切地反映探测区的富水性情况。例如，对于同一个探测区，同样的测点距离，音频电透视探测与瞬变电磁探测比较，前者获取的信息量是后者的数倍（一般情况下约5倍）。

4."立体感"强

探测高（深）度与探测频率有关，可根据现场情况，确定1～2个高（深）度，更能反映岩层立体的富水及变化状况。

5.便于分析

音频电透视探测获取的反映富水性信息的视电导率资料，通过CT技术处理后，在平面图上反映的是连续的等值线，或者连续的色区变化，而不是孤立的几个异常区，更能直观地反映岩层富水性的连续变化状态，便于结合已有的地质、水文地质资料，进行全面的分析、预测。

6.现场施工相对较复杂

音频电透视探测施工，主要工序为：

（1）布点。按一定间距（一般10m距离）布置测点，每个测点在顺槽的两个侧帮各打一个垂直的钻眼，深度约40cm，为安插接收电极做准备。

（2）连线。安装发射、接受、无穷远电极，连接测线。特别是无穷远极，要求其距工作面探测长度的1.5～2倍，距工作面较远。由于距离较长，布线困难且容易被人为损坏，影响正常探测。

（3）设通话专线。为使发射方与接收方在探测过程中能够同步进行，必须保持实时通话。需环绕工作面布置电话专线，工作量较大。

（4）现场实测。现场探测人员需5～8人。由于工序相对复杂，仪器、测线、电极等相对较重，所需探测人员较多，现场施工组织相对较困难。

四、槽波探测

（一）基本原理

1.槽波的形成及其基本类型

（1）槽波的形成：一般情况下，煤的密度和波在其中的传播速度常常比围岩小。煤层与围岩相比，是一种低速层状介质，可将煤层视为一种波导。在煤层中激发的地震波，当波射线以大于临界角的方向入射到煤层顶、底板界面时，就会全反射。因顶、底板界面多是平行的，这种全反射过程会在煤层顶、底界面间多次反复地进行，从而形成沿煤层传播的特殊波，这就是槽波。

（2）槽波的类型：①洛夫型槽波。煤层中质点运动方向平行于煤层，垂直于射线方向时的槽波，称为洛夫型槽波。当煤层中的横波速度小于围岩中横波速度时，就可以形成这种波。由于其形成条件比较普遍，在实际探测中常用它。②瑞利型槽波。煤层中质点运动方向垂直于煤层，平行于传播方向平面内的槽波称为瑞利型槽波。只有当围岩的横波速度大于煤层的纵波速度时，才能形成不逸出的瑞利型槽波。这种条件并不经常具备，瑞利型槽波主要用于物理模型的形成。

2.波的衰减因素

（1）波前的几何扩散：槽波是以高约为煤层厚度的圆柱面状波前在煤层中向前传播的，很显然，造成的振幅衰减应为$r^{-1/2}$（r为传播距离）。

（2）频散引起的衰减：由于频散作用，槽波波列随距离的增大而逐渐拉长，造成的振幅衰减大致也是$r^{-1/2}$。因此，几何发散和频散衰减加起来应为r^{-1}，但槽波相位衰减稍慢，约为$r^{-6/5}$。

（3）介质的非弹性传播损耗：因为煤层不是完全弹性体，通常，槽波随传播距离按指数规律衰减，即$e^{-\alpha r}$，其中α为煤的吸收系数。α值的大小与煤层性质和波的频率有关，频率越高吸收系数越大。由上可知，槽波的衰减主要取决于煤层的吸收系数。这直接涉及槽波地震法的探测距离。据经验，槽波地震透射法的探测距离约为1000m，反射法的探测距离约为200m。

3.影响槽波传播的主要因素

煤层厚度对槽波传播特性有决定性的影响。相位的频率明显随煤层厚度增大而降低，槽波地震勘探只适宜于中厚煤层和薄煤层。煤层的横波速度对槽波传播特性有很大影响。煤层的横波速度越高，相位的频率和速度也越高。另外，煤层横波速度越低时，频散越明显。煤层顶底板横波速度越高时，频散越明显，相位频率越低，速度也越低。此外，煤层中夹石对槽波传播特性也有一定的影响。

（二）槽波地震勘探仪器

由于槽波地震法在煤矿生产中显示的特殊潜在的能力，槽波地震勘探仪器获得迅速的发展。下面主要介绍煤科总院西安分院研制生产的DYSD-1数字槽波地震仪。

DYSD-1数字槽波地震仪由二分量槽波检波器、遥控单元、中央控制单元、中央控制单元电源、触发单元、发爆器、两芯传输电缆及电源充电机组成。二分量槽波检波器是一种机电转换器，有垂直和水平两个分量，它将收到的机械振动变成电信号，送入地震仪的遥控单元。遥控单元完成地震信号的采集，每个遥控单元有两个地震道，每道收到的地震信号经前置放大提高信噪比，再经高低通滤器滤除各种干扰波，突出有效波。中央控制单元是整个系统的控制中心，包括中央处理机（CPU）、只读存储器（ROM）、随机存储器（RAM）和接口电路等。中央控制单元电源为中央控制单元提供3组电源。两芯传输电缆连接在中央控制单元和各遥控单元之间，通过它实现中央控制单元对各遥控单元的控制，以及顺序传输各遥控单元内的地震信息。发爆器产生300V高压供给雷管起爆炸药，同时脉冲送入触发单元。在爆炸瞬间由触发单元提供一个阶跃脉冲，送入中央控制单元作为开始记录时间的起点。

（三）槽波地震勘探方法分类

槽波地震勘探方法有槽波透射法、槽波反射法和槽波CT法。从槽波地震射线传播路径所用有效波和数据采集技术看，CT法与透射法相似。但两者在数据处理和分析方法上有本质的不同。

（四）巷道中槽波地震法观测系统

槽波地震法观测系统是指槽波激发点与接收点的相对位置关系。合理地设计观测系统对探测效果有很大影响。观测系统的设计应根据勘探任务、巷道和顶底板条件、风流瓦斯量和仪器设备特点而定。条件适宜时，应尽可能多地增加覆盖区域和炮点密度，采用多次叠加方式以提高信噪比。但在能完成探测的前提下，应尽可能采用大道距、大排列的观测系统，以便节省工作量，减少勘探费用。

1.巷道中槽波地震透射法观测系统

透射法观测系统属非纵观测系统，即炮点与接收点不在一条直线上，而在不同的两条巷道中。观测系统设计时所需选择的参数有道间距、炮检距和施工方向。槽波特征明显，构造简单时，尽量用大道距（一般为10m）大排列观测系统。构造复杂，槽波不明显时，应选用小道距（一般为3m）观测系统，炮检距的范围一般为1～1000m。施工方向根据巷道条件和仪器特点而定。

2.巷道中槽波反射法观测系统

槽波反射法是在一条煤巷内进行的，即震源和接收器处在同一条线上。观测系统可分为简单和多次叠加两种。由于反射槽波信噪比较低，大多采用多次覆盖的重复观测系统，它是由简单连续观测系统与间隔连续观测系统组合起来的。

（五）施工方法

1.施工设计

收集测区地质与构造资料，了解井下机电、运输、瓦斯、通风、巷道支护及环境噪声等情况。根据测区地质和井巷情况，确定探测任务，选择观测系统，在测区平面图上布置激发点与接收点的位置，统计炮眼与检波器孔的数目与长度，计算出钻孔施工工程量。

2.现场准备性工作

（1）按设计图要求，将检波器孔和震源孔醒目地标在井下巷道壁上。

（2）按布点位置接电和打钻，钻孔打在煤层中心，垂直于煤壁、平行于煤层，孔深约2m，孔内煤粉要排除干净。

（3）测量孔位坐标，并绘制坐标表，将孔位投影到平面图上，供数据处理和资料解释时使用。

3.槽波探测的实施

（1）仪器中心站的安置：将中央控制单元及附属设备安放在中心站。仪器安好后进行通电，检查仪器是否正常，然后进行仪器日检，包括遥控单元一致性的检验。

（2）检波器排列的铺设：要使之与煤壁很好地耦合。每个检波器孔放置一台遥控单元，将遥控单元与检波器大线分别连接好，然后将大线与中央控制单元接通。

4.激发

应当用安全炸药即硝酸炸药或水胶炸药，药量为150～300g。雷管为瞬发雷管。炸药放在孔底，用炮泥填实。放炮前要通知各点注意警戒，仪器操作员应调好仪器有关参数，包括采样间隔、高通滤波器截频、前放增益方式等。只有接到仪器操作员的放炮命令，放炮员方可拉炮。放炮后，操作员检查荧光屏上监视记录波形，如正常则可结束这一炮的测量。在探测工作中，还需做好班报表的填写工作。

（六）资料解释

1.透射法资料的解释

槽波地震透射法主要用于探测煤层中的断层、陷落柱、火成岩体、冲刷带以及煤层厚度变化或尖灭区等，并为反射法探测提供有关参数。

透射法资料解释的重点是识别槽波相波组特征。资料解释的要点是：

（1）在槽波原始记录上以及经滤波、包络处理记录上识别槽波相（高频同相轴）。

（2）在频散、极化分析、尼浩曲线图上，识别槽波的存在及其特征。在频散曲线上辨认相位（速度极小值）的存在；在极化分析和尼浩曲线上辨认相位的存在（槽波相位具有高频、高线性极化度）。在此基础上，确定槽波相频率及其群速度。

根据槽波透射数据相组（高频、长波列）的有无，便可发现路径上有无不连续体，如断层、陷落柱等。

在槽波赋存较好的煤层中，槽波透射射线较密时，可计算槽波的相对透射系数值，绘制"槽波相对系数图RTM"，在此图上可直接圈定构造发育带。煤层对槽波的相对透射系数可分为四级。

2.槽波反向资料的解释

槽波地震反射波主要用于超前探测。反射法资料解释的主要图件是水平叠加时间剖面或水平叠加深度剖面图。在此图上识别反射波的主要方法是"相位对比法"或称同相轴法。同相轴的峰值连线位置就是煤层中不连续体的位置。

槽波地震反射资料的解释比较复杂，首先要确认有效的槽波反射同相轴，去除假反射同相轴。为此，常用井爆炸点CSP记录、共偏移距COP记录和共反射点CDP记录综合解释。为了提高解释的可靠性，要充分考虑已有地质资料及构造线方向并结合透射资料进行综合解释。

第六节　物探技术在煤矿水害防治中的应用

一、应用物探技术探测水害

（一）瞬变电磁法超前探测技术在矿井防治水中的应用

瞬变电磁法（TEM）是利用不接地回线或接地线源向地下发射一次脉冲磁场，在一次脉冲磁场间歇期间，用线圈或接地电极观测二次电磁场的方法。基本的工作方法是：在地面或井下设置通以一定波形电流的发射线圈，从而在其周围空间产生一次磁场，并在地下导电岩（矿）体中产生感应电流；断电后，感应电流随时间衰减，衰减过程一般分为早期、中期和晚期。早期的电磁场相当于频率域中的高频成分，衰减快，趋肤深度小；而晚期成分则相当于频率域中的低频成分，衰减慢，趋肤深度大。通过测量断电后各个时间段的二次磁场随时间变化规律，可得到不同深度的地电特征。

近年来，随着矿井物探技术的发展，矿井瞬变电磁法在矿井岩层的富水性探测方面发挥着越来越重要的作用。由于采用小线圈测量，降低了体积效应的影响，提高了勘探分辨率，特别是横向分辨率。另外，井下测量装置距离异常体更近，大大提高了测量信号的信噪比。因此，利用矿井瞬变电磁法可对巷道采掘工作面前方岩层、地质构造及其富水性进行精细探测，力争满足安全、高产高效生产的要求。

1.矿井瞬变电磁法原理

矿井瞬变电磁法是将地面常用的瞬变电磁法应用于煤矿井下，对常规物探方法较难探测的工作面顶底板富水构造和巷道掘进工作面超前富水构造的发育情况进行探测的一种方法。矿井瞬变电磁法的基本原理与地面瞬变电磁法一样，但受矿井瞬变电磁法勘探环境的限制，测量线圈大小有限，其勘探深度不如地面瞬变电磁法，一般深度在150m左右。地面瞬变电磁法为半空间瞬变响应，该种瞬变响应来自地表以下半空间地层；而矿井瞬变电磁法为全空间瞬变响应，且该种瞬变响应是来自回线平面上下（或两侧）地层。

矿井瞬变电磁法与地面瞬变电磁法相比，具有以下特点：

（1）由于井下测量环境不同于地表，不可能采用地表测量时所用的大线圈（边长大于50m）装置，只能采用边长小于1.5～2m的多匝小线框，一般采用中心观测方式或偶极观测方式。因此，该法数据采集工作量小，测量设备轻便，工作效率相对较高。

（2）由于线圈边长小，测量点距较密（一般为5～10m），可以降低体积效应的影响，从而提高勘探分辨率，特别是横向分辨率。

（3）井下测量装置距离异常体更近，大大提高了测量信号的信噪比。实际测量结果表明，井下测量信号的强度比地面同样有效面积并采用相同装置测量的信号强度高10～100倍。井下的干扰信号相对于有用信号可近似等于零（大于30ms时间段），而地面测量信号在衰减一定时间后（一般小于15ms）就被干扰信号覆盖，无法识别有用异常信号。

（4）地面瞬变电磁法勘探时一般只能将线圈平置于地面进行测量，而矿井瞬变电磁法勘探时可以将线圈平面以任意角度放置于巷道中进行测量。因此，通过对发射线圈方位的调整，可实现对整个工作面顶底板一定范围内富水低阻异常体分布规律的探测。

2.矿井瞬变电磁法探测方法

矿井瞬变电磁探测普遍采用的仪器为加拿大PROTEM-47型瞬变电磁仪，该仪器具有抗干扰、轻便、自动化程度高等特点。数据采集由微机控制，自动记录和存储，与微机连接可实现数据回放。由于探测时采用小线圈，点距可以根据勘探任务的要求而变化。实际测量时采用多匝线圈，在巷道侧帮测量时，线圈平面可根据探测任务而灵活设计。发射线圈和接收线圈分别为匝数不等且完全分离的两个独立线圈，以便与地下（前方）异常体产生最佳耦合响应。矿井瞬变电磁法探测的测线可布置在工作面轨道巷、运输巷或其他巷道内，测点间距为2～10m。

（1）巷道顶底板探测。若发射线圈和接收线圈水平放置于巷道内，则探测巷道正上方顶板或正下方底板一定范围的电阻率分布；若发射线圈和接收线圈倾斜放置于巷道内，则探测巷道侧上方顶板或侧下方底板一定范围的电阻率分布。然后，根据电阻率的分布情况来推断顶底板岩层的富水性。

（2）巷道掘进工作面超前探测。将发射线圈和接收线圈垂直放置于巷道掘进工作面后方，转换不同角度则可探测掘进工作面前方或侧方一定范围的电阻率分布，然后根据电阻率的分布情况来推断巷道掘进工作面前方是否存在富水异常体。

（二）高密度电阻率法在工作面底板水害动态监测中的应用

煤矿的采煤活动，是一个随时间变化的动态过程，在工作面推进过程中，矿山压力、底板岩石破坏程度、底板水的运移都是随时间动态变化的。因此，动态监测工作面底板岩石的破坏程度及其底板水的运移活动，对煤矿防治水意义重大。利用在工作面巷道中埋设的电极、电缆，经过一定的间隔时间对工作面底板进行监测，获得不同时间时工作面底板岩石电阻率的变化情况，据此分析与开采活动有关的底板岩石破坏程度、底板水的运移及其矿山压力变化，从而为工作面安全顺利推进提供保证。

高密度电阻率法是基于静电场理论，以探测目标体的电性差异来达到探测目的的一种方法。原理属于电阻率法的范畴，但与常规的电阻率法相比，设置了较高的测点密度，在测量方法上采取了一些有效的设计，使得数据系统有较高的精度和较强的抗干扰能力，并可获得较为丰富的信息。高密度电阻率法既能提供地下地质体某一深度沿水平方向岩性的变化情况，也能反映垂直方向岩性的变化情况。

几乎所有井下电阻率法技术均是在一个巷道中进行，而煤矿底板突水点一般集中在工作面内部，探测工作面内部底板岩石的富水性变得至关重要，而这又是其他井下电阻率法技术无法做到的。井下工作面偶极技术通过在工作面的两个大巷中布设电极，能够获得工作面内部底板岩石的电阻率，进而分析其富水性。

（1）采矿对其附近的断层破碎带具有活化作用，随着工作面的临近，断层活动性增强。

（2）煤层开采对煤层底板具有破坏作用，底板破坏深度随工作面推进距离的增加而增大，当工作面推进到接近工作面宽度（倾斜宽）时，底板破坏深度达到最大；底板最大破坏深度在煤壁后方约20m处，最大破坏深度可达55m。

（3）煤层开采后煤层顶板逐步垮落，在工作面后20m左右，煤层底板地层逐步压实，空隙度降低。

（4）本工作面突水水源为奥陶系灰岩水，导水通道自煤壁呈斜向下方75°的方向展布。

瞬变电磁法技术定向好，探测距离大，对含水地质体敏感，工作效率高。但它不能取代其他电法勘探手段，当遇到周边有大的金属导体、动力电缆时，所测的数据不可使用，此时应补充直流电法或其他物探方法。在表面遇到大量的低阻层区时，瞬变电磁法也不能可靠的测量。因此，在选择测量时要考虑地质结构。

在测量过程中，要随时记录岩石特征、装置倾角及高程，以便准确划分地层构造。同时，在一个工区工作之前，要做实验，选择合理的装置及供电电流，一经确定，不能在测量中变更装置和供电电流，否则会对结果造成影响。在进入工区前尽量寻找已知地层的基准点对仪器进行校准，以确保测量的准确性。

当进行井下或坑道测量时，要考虑全空间的响应（和地面半空间有很大的区别），解释方法需要用全空间的解释方法，而不能简单地利用地面半空间解释方法。资料解释时，一定要参考所在区域的地质资料和其他相关成果，并注意与其他方法的配合，特别是地质方面的配合。切不可随意套用其他地区的解释经验，作出错误的判断。瞬变电磁法对空间的电磁场或其他人为电磁场敏感。为了减少此类干扰，应尽量采用大的发射电流（外接电源），以获取最大的激励磁场，增加信噪比，压制干扰。

二、应用物探技术探测构造

（一）瞬变电磁方法在煤矿深部含水构造探测中的应用

矿井突水灾害是煤矿开采中的特大事故类型之一，采矿前期一个重要的地质任务就是探测采区内构造的分布及地层的含（导）水性，查明是否存在断层、溶洞、裂隙等对开采可能带来不良影响的地质构造。岩层中的孔隙水会使岩层电阻率降低。瞬变电磁法对低阻导电层的反应非常灵敏，且探测深度大，工作效率高，与其他电探方法相比，利用瞬变电磁法进行地下水勘查具有明显的优势。瞬变电磁法近年来在国内外发展比较迅速，这是因为它不仅具有较高的探测能力，而且受旁侧地质体的影响也很小，电性层分辨能力较强，同时对地表局部低阻体无静态效应，所以成为解决问题的首选方法。

（二）井下直流电法超前探测导含水构造技术及应用

在煤矿建设和生产中煤矿水害时有发生，严重威胁煤矿安全生产甚至造成极大的生命财产损失。如果能探明掘进工作面前方的水文地质构造情况，采取相应的措施，就能有效地预防事故的发生，实现安全生产。煤矿水害防治工作要以"预防为主，防治结合"为基本方针，以"预测预报，有疑必探，先探后掘，先治后采"为基本原则。为了防止掘进巷道前方导水、含水构造突水，威胁矿井生产安全，采用井下直流电法超前探测技术探测掘进工作面前方的导水、含水构造情况，实际探测结果与生产中揭露的地质构造情况吻合，取得了良好效果。

测量电极最好在测量前试验选择电极对。可采用铜电极或不极化电极，每日出工前应做不极化电极对的极差测定，选择内阻适中、极差小（≤2mV）、相对稳定的电极对进行工作，不极化电极应在坑内埋设，并清除坑内各种杂物。测量极距的大小，直接关系到测量信号的可靠性及抗干扰能力。极距过小，分辨率提高但抗干扰能力降低；极距过大，抗干扰能力提高，但分辨率降低。选择合适的测量极距，在保持较高分辨率的同时，又能有效地压制井下测量中的各种干扰信号，测量极距通常选4m。一般测量电极距（MN）相对固定，测量电极的中点（O）与供电电极（A）的间距应分布在测量电极距（MN）的 2～30 倍之间，以免影响观测精度。应按尽量增大分辨率、提高信噪比的原则布极。

（三）瞬态瑞利波探测法在煤矿生产中的应用

瞬态瑞利波探测法具有仪器体积小、重量轻、便于携带、操作方便、探测速度快等优点，对断层、火成岩、岩溶陷落柱等地质构造的位置能够进行准确预报。此外，仪器对使用环境要求不高，能在井下狭窄的空间有效地工作。瞬态瑞利波探测技术是一种快捷、方便的原位测试技术，其能量衰减慢，施工采用锤击震源。地质构造等灾害性地质异常，在瑞利波频散曲线上均会有明显显示，利用瑞利波传播的频散特性，可以对探测前方的地质构造进行解析判断。

瑞利波探测法的原理主要是利用了瑞利波的两个特性：一是波在分层介质中传播时的频散特性，二是波的传播速度与介质的物理力学特性密切相关。瑞利波探测方法分为稳态和瞬态，稳态瑞利波是每次激发一种频率，在一个测点通过多次激发和接收完成不同深度的探测；瞬态瑞利波采用瞬态冲击震源，一次激发和接收，可以获得宽频带的瑞利波振动信号，这相当于稳态成百上千次激发的信息。同一波长的瑞利波传播特性反映了地质条件在水平方向的变化情况，不同波长的瑞利波传播特性则反映了不同深度的地质情况。

在弹性半空间，如在地面上施加一个垂直的冲击力，将会产生两种类型的波，即体波和面波。体波又包括纵波和横波，它们以半球面方式向地层深处传播，面波包括勒夫面波和瑞利波，这两种波仅仅沿弹性介质表面传播，离开表面而深入介质内部就会很快衰减。瑞利波的特点是：介质点大致做反时针方向、轨迹为椭圆的运动，其椭圆长轴垂直于介质表面，长短轴比值大致为 3∶2，从而形成"地滚波"。在瑞利波的传播过程中，当泊松比为 0.25 时，波速大致为表面介质中横波速度的92%。波在传播过程中，当沿表面传播时，体波能量（振幅）按 1/r 的比例衰减（r 为离开震源的距离），而面波按$1/r^{1/2}$的比例缓慢减少。当沿纵向传播时，瑞利波传播的质点振动幅度随深度而改变，在接近一个波长的深度处，质点的振动幅度就非常小了，可以认为瑞利波主要分布在一个波长范围内。已经证明，在一定厚度的圆形衬垫上施加一个垂直的冲击力，得到的瑞利波、纵波和横波的能量比例分别为67%、7%和26%，故有2/3的冲击能量变成了瑞利波。

在一个波长范围内，当瑞利波的传播速度一定时，频率与波长成反比（高频时，波长短；低频时，波长长），即由高频到低频反映地层深度由浅到深。在非均匀弹性半空间，不同频率的振动按不同的速度传播，一定的频率对应一定的波长，即一定的地层深度，这就是瑞利波的频率（深度）-速度分散特性，平均速度与频率或波长的关系曲线为频散曲线。瑞利波在传播过程中，当遇到液相、气相介质或松散破碎带界面时，就会迅速衰减，分散曲线将会突然中止或畸变，在频散图中表现为"之"字形态。利用瑞利波的这种传播特性，可以识别断层、火成岩、溶洞、构造破碎带等地质异常体。

掘进工作面前方超前探测小构造，可探测掘进工作面前主80m范围内的断层、火成岩、破碎带、采空区等地质异常区。巷道侧帮及工作面内部小构造探测，可探测工作面内部80m范围内的断层、火成岩、破碎带、无煤带、采空区等地质异常，利用巷道的走向长度可追踪断层、火成岩的走向，确定其他地质异常体的范围。底板下组煤和残余煤厚探测，可探测底板下80m范围内的煤层、岩层的厚度以及煤和围岩内的断层、空洞、老窑、岩溶等地质小构造。探测时布置6道检波器，在侧帮和底板探测时，间距为0.8~1.2m；在工作面做超前探测时，根据工作面宽度，适当调整检波器间距，一般为0.5~0.6m。布置钢钎时应尽量使6根钢钎和锤击点在同一条直线上，钢钎尽量不要与锚网、棚子、木棒等接触，并且钢钎要打实，不能有松动。

瑞利波探测仪能够采集良好的原始数据必须具备以下条件：所有能产生震动的设备必须停止运行；工作场地周围尽可能降低、消除噪声，使环境噪声控制在18dB以下；探测目的断面为煤层时，要将探测极按探测方向尽可能深地打进煤层实体中；目的断面为岩层时，布极前清除断面上的浮碴，若岩性过硬探测极无法打进去，可使用自制的钢片用锚固剂固定到断面上，等凝固好再施工；在同一站内，尽量使用同一个人捶击震源垫，捶击者在一组内要均衡用力；震源垫要放置在较为平整、密实与触发极距离最小，且与探测方向一致的断面上。前两点提到的环境噪声，一方面指运输设备、排放（水）设备、钻机具类，这类可避免；另一方面指风筒距离探测点过近，产生的噪声不能消除，可暂时去掉最近的一截短的风筒来降低噪声。

另外，还将仪器自身的点探测延伸到面，即对某一构造进行跟踪，将图形中异常的相似点连接起来，形成较为直观的构造走向图。由此也对采煤工作面尝试，对风巷下帮、机巷上帮沿一定角度探测，控制采煤工作面内部的隐伏构造发育情况。数据的分析与探测现场的构造情况关系很大，如果单纯分析而不参照地质情况，那么所得结论很肤浅，参考价值有限。

当然，瑞利波探测仪也有不足，如没有标准去判定一组不太好的数据是否可以采用，数据质量的好坏判断目前仅仅停留在直观上，事实上数据质量的好坏与直观上的好坏并非有必然关系；还有，知道地层中的各层介质都有它固定的传播速率，频散曲线所表现出的速率是相对速率，不使用绝对速率计算出的结果是不确定的；再有，瑞利波探测仪对探测介质定性不定量，这种多解特征增加了分析的难度。

2

第二章　矿井水害预报和预防

第一节　矿井水害类型

一、地表水水害

地表水水源为大气降水、地表水体。如山洪、泥石流冲毁工业广场或生活区；位于矿区地表的水库、沟渠、坑塘等地表水体，一旦有通道（井口、采后垮落带，岩溶地面塌陷坑、洞、断层带，封闭不良钻孔等）渗漏给煤层顶底板含水层或直接溃入井下，都会造成重大的水害事故。

二、煤层顶板砂岩裂隙水水害

煤层顶板砂岩，特别是厚层砂岩，裂隙发育，常受地表水或其他含水层补给，采前没探放水，采后因顶板冒裂带、断层带、封闭不良钻孔导水，发生突然涌水，有可能冲垮采煤工作面。如果该层砂岩缺乏可靠的补给水源，则涌水量很快变小，甚至被疏干，否则会造成灾害。

三、灰岩溶隙水水害，是煤矿最大的水害之一

太原组灰岩，尤其是奥灰岩往往溶隙发育，含水丰富，一旦突水，极易淹井。我国溶隙水害事故约占各类水害事故的25%。奥灰岩与太原组煤层之

间往往有一定厚度的隔水层，但也有突水事故发生。其发生的地方有：断层使煤层与奥灰岩对接；小断裂带垂向导水裂隙沟通奥灰水，此类突水占奥灰突水的80%以上；因隔水层较薄，经煤层采动矿压破坏后，由于水压高而发生突水；因岩溶陷落柱导水，或充填胶结好的陷落柱次生张节理沟通奥灰水而突水。在基本查明水情的前提下，选用疏水降压、区域截流、含水层防水改造、留煤柱等方法防治。

四、采空区水害

老窑、小窑、废巷等的积水，与采掘工作面接近或沟通时，进入巷道或工作面形成水害。

五、钻孔水水害

因钻孔封孔不良造成虚孔，沟通煤层顶板或底板强含水层。当采掘工作面揭露虚孔发生突水时，往往造成局部淹井和局部停产事故。地质勘探时施工的钻孔，按规定做二段封孔，即上段封堵冲积层间地层，下段封堵煤系地层及以上20m区间范围，整孔封闭处理的较少。这些钻孔由于受后期采动影响，尤其是全部垮落式控制顶板采煤方法的影响，下段封堵区段有时可能处于垮落带或导水断裂带之中，失去阻水性能，钻孔就会成为导水通道，上部积水或含水层水在动压和静压作用下而溃入井下，造成水灾事故。如果该孔沟通地表水体，其危害会更大。

第二节　水害预报

　　所谓水害预报，就是矿井水文地质专业人员，树立以防为主的指导思想，根据年、季、月度采掘接续计划，逐头逐面地进行水害因素的分析和研究，认真排查水害项目，按"及时、全面、可靠"六字标准，预先提出水害报告和处理措施，报送县局、矿领导和总工程师及生产技术、安全等有关部门，并按时督促防治水害措施的落实。水害预报方式：水害预报图，以煤矿主采煤层充水性图为底图，按预报可能发生水害的部位、水害类型、预计突水量等用红色标注在图上；水害预报表，其内容有预报水害地点、工作面高程、开采煤层（名称、厚度、倾角）、水害类型、水文地质条件、预防或处理措施等；水害通知单，除预报表有关内容外，还附水害点部位平面图和剖面图，报送生产矿长、总工程师、调度室、安全科、安监站。

第三节　水害防治

一、水文地质条件探查技术

　　矿井水的防治是为了防止水害事故的发生，保证井建设和生产的安全，减少矿井涌水量及降低生产成本，使国家煤炭资源得到充分合理的回收。为了达到上述目的，就必须做大量的防治水工作，如在地面做防治地表水工程，在井下进行疏放排水或预先疏干，以及注浆封堵、留设防水煤柱等。

煤矿水害事故频发的主要原因：煤矿地质、水文地质条件复杂，矿井水文地质基础工作薄弱，现有水害防治技术手段推广应用不够，防治水技术与相关工作投入不足，矿井防治水专门人才缺乏，超强度开采煤炭资源，以及煤矿主管领导思想麻痹、抱侥幸心理等。矿井水害与形成的条件有直接的对应关系。矿井充水条件包括充水水源、涌水通道和充水强度（涌水量）。这3个条件在特定条件下的不同组合决定了不同矿井水害类型和灾害程度，也就是说，有什么样的充水条件就有什么样的水害类型，有什么样的涌水通道及充水强度就存在什么样的水害特征。

（一）水文地质试验技术

探查内容包括采煤影响到的含水层及其富水性、隔水层及其阻水能力、构造及"不良地质体"控水特征、老窑分布范围及其积水情况等。工作顺序由面到点、由大到小，先区域后井田、先采区后工作面。传统技术和手段在矿井水文地质勘探中发挥了极为重要的作用。现代物探、化探、钻探、测试与试验及模拟计算等技术方法和手段，特别是这些方法和手段的综合应用已能比较好地解决矿井水文地质勘探中的大部分问题。

水文地质试验技术的基本方法是以水文地质理论为基础，以水文地质钻探、抽（放）水试验、顶底板岩石力学试验为主要手段，探查含水层及其富水性，主要含水层水文地质边界条件，各含水层之间的水力联系等，并获取建立水文地质概念模型的相关资料。同时，探查煤层底板隔水层岩性、厚度、结构及阻水能力。在钻探过程中测试承压水原始导升高度，通过采取岩芯来测试岩石物理、力学性质等。近20年来推出的脉冲干扰试验法，在一定条件下可以替代抽（放）水试验。

（二）地球物理勘探技术

地球物理勘探技术经过多年发展，其在地质、水文地质探查中的地位和作用越来越明显，越来越重要。加上其具有方便、快捷的优势，近几年在煤矿防治水领域得到了极大的推广和应用，常用的效果比较好的方法有以下九种：

（1）地震勘探：包括二维和三维地震勘探，是弹性波地面探查构造及"不良地质体"的最有效方法。在新采区设计前必须用三维地震进行勘探，主要应用于以下八个方面：查明潜水面埋藏深度；查明落差大于5m的断层；查明区内幅度大于5m的褶曲；查明区内直径大于20m的陷落柱；探明区内煤系地层底部奥陶系灰岩顶界面及岩溶发育程度；探测采空区和岩浆侵入体；查明基岩起伏形态、古河道、古冲沟延伸方向；了解基岩风化带厚度。

（2）瞬变电磁（TEM）探测技术：TEM法观测的是二次场，对低阻体特别灵敏。它是地面（已有人尝试井下使用）探测含水层及其富水性、构造及其含水情况、老窑及其积水多少的主要手段。蒲县北峪煤矿用瞬变电磁法探知巷道掘进面正前80m处有一陷落柱，由于采取了相应的防治措施，从而避免了一次突水事故。

（3）电阻率法探测技术：使用单极–偶极装置，通过连续密集地采集测线的电响应数据，实现了地下分辨单元的多次覆盖测量，具有压制静态效应及电磁干扰的能力，对施工现场适应性强。该法使直流电法在探测小体积孤立异常方面取得了突破。可准确直观地展现地下异常体的赋存形态，是地面、井下探测岩溶、老窑及其他地下硐体的首选方法。

（4）直流电法探测技术：属于全空间电法勘探，可在地面及井下使用。主要应用在以下四个方面：巷道底板富水区探测；底板隔水层厚度、原始导高探测；掘进头和侧帮超前探测，导水构造探测；潜在突水点、老窑积水区、陷落柱探测。

（5）音频电穿透探测技术：由于探测深度的限制，一般只应用于井下。主要探查：采煤工作面内及底板下100m内的含水构造及其富水区域平面分布范围，并进行富水块段深度探测；工作面顶板老窑、陷落柱、松散层孔隙内含水情况及平面分布范围探测；掘进巷道前方导水、含水构造探测；注浆效果检查。

（6）瑞利波探测：探测对象是断层、陷落柱、岩浆岩侵入体等构造和地质异常体，以及煤层厚度、相邻巷道、采空区等，探测距离80～100m。其优点是可进行井下全方位超前探测。

（7）钻孔雷达探测技术：通过钻孔（单孔或多孔）探查岩体中的导水构造、富水带等。

（8）坑透：采面掘透后，要进行坑透，查明采面内的构造发育情况。自20世纪80年代初期起，霍州矿区对每个采面使用坑透法，基本可查明采面内分布的陷落柱形状、大小、位置以及落差4m以上断层位置和延展方向，提前采取对应措施，效果颇佳。

（9）地震槽波探测技术。主要用于：探明煤层内小断层的位置及延伸展布方向；陷落柱的位置及大小；煤层变薄带的分布；可进行井下高分辨率二维地震勘探，探测隔水层厚度、煤层小构造及导水断裂带等。另外，还有其他一些地球物理勘探方法，如超前机载雷达、建场法多道遥测探测技术等。

（三）地球化学勘探技术

地球化学勘探技术主要是通过水质化验、示踪试验等方法，利用不同时间、不同含水层的水质差异，确定突水水源，评价含水层水文地质条件，确定各含水层之间的水力联系。主要的技术方法包括以下四种：

（1）水化学快速检测技术。用于井下出水点、钻孔水样水质的快速检测。

（2）透（突）水水源快速识（判）别技术。通过水化学数据库，利用水质判别模块快速判别突水水源。

（3）连通试验。这是查明含水层内部、含水层之间、地下水与地表水之间相互联系的一种见效快、成本低的试验手段。它对判断矿井充水水源，分析含水层之间的水力联系都具有很重要的意义。该方法通常在放水试验过程中使用。

（四）钻探技术

最近十几年，国内外钻探技术飞速发展。从适合地面、井下探放水，探构造及不良地质体（陷落柱、岩溶塌洞）到水文地质勘察、注浆堵水成孔等用途的地面钻机、坑道钻机，其能力和性能均有极大加强，同时定向钻进技术随着钻孔测斜技术的提高也逐步走向成熟。现在不管是地面用钻机还是井下坑道用钻机均可实现"随钻测斜、自动纠偏"，可以说现有钻探技术已能很好地满足水文地质探查中对钻探手段的技术要求。

（五）监测监试技术

（1）基本水文地质监测：主要仪器设备包括水位水压遥测系统、水位水压自记仪和水量监测仪（电磁流量仪）。主要监测内容有：矿井各含水层和积水区水位水压变化情况；矿井所在地区降水量、矿井不同区域涌水量及其变化情况；矿井受水害威胁区水文地质动态变化情况；矿井防排水设施运行状况；地面钻孔水位、水温监测等。

（2）煤层底板或防水煤（岩）柱突水监测：主要设备为底板突水监测仪。监测方法是通过埋设在钻孔中的应力、应变、水压、水温传感器来监测工作面回采过程中应力、应变、水压、水温的变化情况，数据传送到地面中心站后，利用专门的数据处理软件判断能否发生突水。主要应用于具有底板突水危险的工作面回采过程中的突水监测。

（3）原位地应力测试：主要设备是原位应力测试仪，是一种以套筒致裂原理为基础的原位地应力测试仪器。通过监测工作面回采前、回采过程中的地应力变化，应用专门数据处理软件判断是否发生突水。该技术主要用于底板突水监测。

（4）岩体渗透性测试：主要设备是多功能三轴渗透仪。通过调节岩体的三向应力状态，测试不同应力状态下的水压、水量变化，以反映岩体渗透性随应力的变化规律。

二、矿井水害评价理论及技术

（一）矿井充水类型评价

矿井充水类型按充水水源类型可分为岩溶充水型、裂隙充水型、孔隙充水型、采空区充水型。按水文地质条件复杂程度可分为简单、中等、复杂、极复杂四种类型。

（二）突水机理及预测预报技术

（1）突水预测理论主要有：①经验理论，即突水系数理论、"下三带"理论、递进导升理论；②以力学模型为基础的突水机理与预测理论，即"薄板结构理论""关键层理论""强渗通道说""岩水应力关系说"等。

（2）突水预测预报方法，主要有"五图一双系数法""三图双预测法"、模糊综合评判法、人工神经网络方法等。

（三）涌水量计算与评价

涌水量计算的方法有以下三种：

（1）建立在地下水渗流理论基础之上的解析法和数值法。

（2）建立在回归分析等数理统计理论之上的经验公式法、比拟法、Q-S曲线外推法。

（3）建立在质量守恒定律基础上的水均衡法。

解析法和数值法一般应用在严格按稳定流非稳定流标准观测的抽（放）水试验后预测涌水量。经验公式法、比拟法、Q-S曲线外推法应用在大量统计资料的矿区。水均衡理论应用在输入输出水量容易观测计算的矿区。由于各种方法对资料和相关条件的要求不尽相同，可选择适合本矿实际的计算方法。综合比较，数值法建立在严格的数据观测基础上，充分考虑了含水层的非均质性、各向异性和水文地质系统的边界条件等，计算结果比较准确，已得到广泛应用。

三、矿井水害防治技术

（一）水害防治工作的基本方针

矿井水害防治以"预测预报、有疑必探、先探后掘、先治后采"为基本原则，并根据矿井水害实际情况制定相应的"防、堵、疏、排、截"综合防治措施。

"预测预报"就是要在查清矿井水文地质条件的基础上，对矿井的水文地质类型、水害隐患、严重程度进行分析研究，并通过相应的水文地质工作对矿井水文地质条件进行分采区、分工作面评价，圈定安全区、临界危险区和危险区，并标注于相关图纸上，以排除开采活动的盲目性。"有疑必探"是指在预测预报工作的基础上，对没有把握的区域或块段采用物探、化探、钻探等方法和手段进行综合探查，以探明水害疑点或可疑作业区域。

"先探后掘"是指在综合探查的基础上，在确保巷道掘进或（和）工作面回采没有水患威胁时，可实施掘进及回采作业。"先治后采"是指在综合探查的基础上，对有水害隐患区域必须采取有针对性的措施，直到完全消除水害威胁后才能组织正常作业。

"防、堵、疏、排、截"五项综合治理措施，简单地讲，"防"就是对矿井边界、导水断层、高压强含水层、导水陷落柱等一定要采取留设防水煤（岩）柱或通过改变采煤方法来预防，并对其他可能诱发矿井水害的水源、通道实施加固、隔离、阻断等措施；"堵"即针对有安全隐患的矿井充水水源、涌水通道，必须超前进行注浆封堵，或对强含水层、隔水层进行注浆封闭或加固处理；"疏"主要指能疏干的充水源要坚决疏干，不能疏干的如华北型奥陶系灰岩水要结合安全带压开采上限要求，采用疏水降压等措施实现安全作业；"排"既指排水供水相结合，使矿区水资源得到综合利用，又指建立安全可靠的矿井排水系统；"截"即通过开挖沟渠，修筑堤坝、防水帷幕等截流措施，拦截地表河流、水库等地表水及松散层孔隙水。

值得一提的是，煤矿水害防治技术中的疏水降（水）压和注浆封堵技术（这是最常用的两种手段）经过多年的探索已取得长足发展。疏水降压技术可以根据不同的水害类型和疏降目的采取有针对性的方式和类型。注浆封堵技术在工艺上有大的改进，如"立体注浆"技术、"导流""引流"注浆技术等。同时，一些封堵效果好、成本低廉的注浆新材料也相继推出，如水泥-黏土浆、粉煤灰浆等。在"动水"条件下的注浆封堵也有许多新方法，而且效果都不错。

疏干降压是我国矿井防治水害的主要技术措施。国内外除普遍采用经常性疏干排水外，还先后进行了峰峰矿区和淄博矿区的薄层灰岩水的疏干和降压及邯郸矿区的疏干工作程序和疏干勘探方法。在静水与动水条件下注浆封堵突水点、矿区外围注浆帷幕截流等都是比较成熟的方法。焦作、峰峰、煤炭坝等矿区都进行过这类工作，近年来又成功地封堵了开滦范各庄煤矿特大突水事故。

（二）水害防治基本技术路线

在矿井开发的不同阶段，由于任务不同，相应的防治水要求也不一样，一般的水害防治技术路线有以下三种：

（1）矿井建设中或建井前，应进行矿井水文地质综合勘探，查清矿井的水文地质条件；预测评价矿井涌水量，进行矿井防排水系统的设计。在此基础上根据矿井的未来（如5年）采掘计划制定矿井的总体防治水规划，确定不同阶段防治水项目。

（2）开采过程中，应建立水害安全保障体系，包括物探探测仪器、钻探、注浆设备、排水设施、水闸门、水闸墙、防治水组织结构、安全避灾路线等，以及巷道掘进前方超前探测、采区采面精细探查，以查清掘进头、采区及工作面的水文地质条件，并对有突水危险的工作面进行突水监测，根据监测结果及时调整优化防治水方案，编写救灾预案。

（3）闭井前或采矿完成后，要对矿井闭井安全条件进行评价，制定矿井关闭过程安全措施，监测拟关闭废井与邻近矿井水情水况，制定废弃矿井水防治措施，并将废弃矿井采空区准确地标绘在地质图、采掘工程平面图等图纸上，同时将相关资料报送上级管理部门进行备案。

（三）防开拓下山突水

（1）绘制下山预想地质剖面图，标明含水层、断层位置。

（2）调查分析各含水层和断层带的富水性，弄清其侧压水头高度。

（3）预计下山可能出现的最大涌水量，据此安装好跟窝泵。

（4）对强含水层或含水断层，事前进行探放水，可同时进行疏干降压。

（四）采煤工作面探放顶板水

（1）煤层顶板有含水层的顺走向布置的各种采煤工作面，有下列情况之一者，必须探放顶板水：

①新井第一个回采工作面，或老井新水平、新区域第一个回采工作面。

②在导水断裂带范围内有富含水层。

③有充水的密集裂缝带（或褶曲轴部）。

④工作面靠近大断层。

⑤工作面中存在陷落柱。

⑥同老窑水可能产生水力联系者。

（2）事前编制探放水措施，认真预计涌水量。

（3）刮板输送机道要有流水通畅的水沟或开拓下部采煤面"超前材料道"淌水眼。

（4）无自流淌水条件的工作面，要根据预计涌水量准备排水系统，预计水量大时，探放水钻孔口要下套管并安装闸阀控制放水。

（五）防钻孔水

（1）事前查阅全部穿越煤层顶底板强含水层的钻孔封孔报告书或资料，判定封孔质量的可靠性。

（2）对封闭不良的钻孔，要建立台账，并在采掘工作面与其接触前，采取措施进行处理。

（3）对钻进煤层底板以下距离强含水层近的钻孔，经查明封孔不良，必须在地面重新套孔、扫封，并在回采前的20天处理完毕。

（4）在地面无条件重封的钻孔，或封孔质量判定不清的钻孔，应圈出30m左右的警戒范围，当采掘工作面临近钻孔前，根据钻孔见煤点坐标，开掘专门探水巷道，用钻机探水，或留设防水煤柱。井下揭露的虚孔，要及时封堵，防止"滞后透水"。

（5）对无封孔资料可查的钻孔，应按孔口坐标实地测出孔位，开挖孔口桩标，查看实际封孔状况，未封者按封孔不良处理。

（六）防断层水

（1）核准（包括补钻卡准）断层产状、断层性质和破碎带的范围，分析断层带的充水条件。

（2）作地质剖面图，分析采掘工作面同断层带在空间上的相互关系。

（3）坚持"预测预报、有疑必探、先探后掘、先治后采"原则，探水警戒线（起始点）从断层交面线外推100m，探水超前距不小于20m，终孔直径不大于89mm。

（4）当采掘工作面接近落差大于或等于30m断层之前，要核查一次防水隔离煤柱的可靠性。

（5）当井巷穿过可能导水断层时，要缩小断面放小炮、小循环，最好用风镐小掘，并加强支护，严防冒顶、片帮、底鼓。掘过断层后，应及时按设计断面砌双墙灌浆，必要时用风镐破底，砌反拱或底带并灌浆，防止"滞后透水"，在施工中不能用锚杆。

（6）预计断层突水时最大涌水量，并核查排水能力。

（七）新凿井筒（一般凿井法）防水

（1）凿井前，查清含水层的层数、厚度和位置、含水性强弱、充水状况（是否被开采疏干），并预计井筒穿过时的最大涌水量。

（2）提出在凿井施工过程中，短掘、短砌（或浇灌）、短注浆（封水）的阶段划分位置的建议。

（3）对预计涌水量大于60m³/h的含水层，要事前制定专门的超前探放水措施。

（4）有条件时，应积极采取预注浆或预疏干等治水方法，实现干打井。

（八）防地表水灌井

（1）所有井口都要高出当地最高洪水位，否则，必须修围堤、围沟或其他临时防水措施。

（2）凿井时，井口周围一定要回填严实，不准简单地使用矸石、砖块等透水的骨料回填，井筒壁后要注浆灌实。

（3）靠近风化带的巷道，特别是三角门、四角门，雨季前要全面检查和加固维修。

（4）报废的井口，编制专门设计，按设计充填封闭。

（5）观测孔、注浆孔、电缆孔等钻孔孔口，由使用单位管理，加盖或封闭。

（6）要合理地设计开采上限，留足风化带煤柱。采煤时不得向上带煤（超上限采煤），防止采通地面。

（九）防老窑突水

老窑水一般位于浅部，水量集中，居高临下，来势迅猛，一旦揭露，就会以"有压管道流"的形式突然溃出，汹涌异常，具有很大的冲击力和破坏力，对人身和矿井安全的危害极大。其防治的基本对策主要就是"探"，先探后掘，坚持不探明、不放净就不掘进、不回采。由于其积水区的空间位置一般都很隐蔽，形状很不规则，深度和层位不一，大小各异，既有连成一片，易于探明的较大积水区，也有深入腹地在低洼处孤立存在，很难用钻探查找这类可能连通大积水区的孤立小积水区。因此，需要经常核实图纸资料，监测各探放水钻孔的水量、水压变化，及时分析判断积水是否放净。同时，明确放水路线和行人路线，保障探放水人员和井下所有作业人员的安全。

浅部老窑积水区，由于年代久远，几经复采，情况复杂，为此需要用物探及访问知情老人等手段，在有关平面图上大体圈出其积水边界，据此外推100m作为探水线，进入探水线必须坚持先探后掘；在探水线外100m划定警戒线，进入警戒线后，一旦发现有明显的突水征兆时，必须停掘探水。老窑突水的征兆有：掘进工作面或两帮煤壁发潮、发暗、"出汗"，巷道中有雾气，工作面温度低，煤壁挂红，有臭鸡蛋味，有害气体涌出量增高，顶板滴水、淋水，正前或侧面有"嘶嘶"的水叫声，顶板来压，发生底鼓，钻孔出水，水味异常（发涩）等。

探放水前，应有针对性地编制探放水方案、作业规程、安全措施、说明书和工程图纸，经审批后严格执行。探放水严格按规程要求，以不漏掉一个积水老巷为原则。放水时，要注意孔口水压、水量的变化，严防"放净"的假象。要防范积水区中还有低洼处的"积水区"的可能性和危险性。

对于本矿和邻矿采空积水区，必须认真核实图纸资料，严防漏填、漏绘。查明积水范围和水量，查明积水最低点与最高点的位置和标高，据此进行探放水设计。探水孔以透积水区最低点为主，两侧为辅，边探放水边监测水压、水量变化，切实掌握积水水位下降的速度和疏放水范围。发现水位下降缓慢或久放不降等异常，需查找原因。若有水源补给，需先封堵水源再探放。对可能存在的"孤立区"或"滞流区"，应通过分析补打钻孔处理。

第四节　探放水工程

一、超前探水

水文地质条件复杂、极复杂的矿井，在地面无法查明矿井水文地质条件和充水因素时，应当坚持有掘必探的原则，加强探放水工作。在矿井受水害威胁的区域，进行巷道掘进前，应当采用钻探、物探和化探等方法查清水文地质条件。地测机构应当提出水文地质情况分析报告，并提出水害防治措施，经矿井总工程师组织生产、安监和地测等有关单位审查批准后，方可进行施工。矿井工作面采煤前，应当采用物探、钻探、巷探和化探等方法查清工作面内断层、陷落柱和含水层（体）富水性等情况。地测机构应当提出专门水文地质情况报告，经矿井总工程师组织生产、安监和地测等有关单位审查批准后，方可进行开采。发现断层、裂隙和陷落柱等构造充水的，应当采取注浆加固或者留设防隔水煤（岩）柱等安全措施，否则不得开采。以下是需要超前探水的9种情况：

（1）采掘工作面接近水淹或者可能积水的井巷、采空区或相邻煤矿。

（2）巷道接近导水断层、溶洞、陷落柱暗河和含水层时。

（3）巷道掘进接近或需要穿过强含水层或打开防隔水煤（岩）柱进行放水前。

（4）采掘工作面接近未封闭或封闭不良的导水钻孔时。

（5）接近可能与河流、湖泊、水库、蓄水池、水井等相通的断层破碎带。

（6）接近有水的灌浆区或接近其他可能出水地段（含封闭不良钻孔）。

（7）接近水文地质条件复杂的区域。

（8）采掘破坏影响范围内有承压含水层或者含水构造、煤层与含水层间的防隔水煤（岩）柱厚度不清楚可能发生突水。

（9）接近其他可能突水的地区。

探水前，应当确定探水线和警戒线并绘制在采掘工程平面图上。

二、探放水前的调查研究工作

根据探放水对象的不同，调查研究的内容也不一样。

（1）老窑积水：老窑名称、编号、地理位置、经纬距、标高，开采层位及煤层编号、煤层厚度、开采范围、开采深度、开采时间及采出量、停采原因，与相邻老窑的关系（有否打透等），老窑积水范围、积水量，一般涌水量，积水面标高，与本矿掘进面的水头高度等。

（2）老采区积水：积水巷道名称、标高、煤层号、积水量、一般涌水量、积水面标高。

（3）未封闭或封闭不良的导水钻孔：编号、孔径、孔深、地面位置、三度坐标，与各煤层的关系，所揭露含水层情况（单位涌水量、水位标高等）。

（4）已知含水断层：巷道实见断层的走向、倾向、倾角、落差，落差沿走向变化的趋势、破碎带宽度及其胶结情况，历史上出水征兆、涌水量、水位标高、水压等。

（5）煤层底板强含水层：含水层名称、岩性、厚度、水位、单位涌水量，与可采煤层的间距，煤层底板与强含水层之间隔水层厚度、隔水程度等。采掘工作面探放水前，应当编制探放水设计，确定探水警戒线，并采取防止瓦斯和其他有害气体危害等安全措施。探放水钻孔的布置和超前距离，应当根据水头高低、煤（岩）层厚度和硬度等确定。探放水设计由地测机构提出，经矿井总工程师组织审定同意，按设计进行探放水，布置探放水钻孔应当遵循下列规定：探放采空区水、陷落柱水和钻孔水时，探水钻孔成组布设，并在巷道前方的水平面和竖直面内呈扇形。钻孔终孔位置以满足平距3m为准，厚煤层内各孔终孔的垂距不得超过1.5m。

探放断裂构造水和岩溶水等时，探水钻孔沿掘进方向的前方及下方布置。底板方向的钻孔不得少于2个。煤层内，原则上禁止探放水压高于1MPa的充水断层水、含水层水及陷落柱水等。如确实需要的，可以先建筑防水闸墙，并在闸墙外向内探放水。上山探水时，一般进行双巷掘进，其中一条超前探水和汇水，另一条用来安全撤人。双巷间每隔30～50m掘1个联络巷，并设挡水墙。井下探放水应当使用专用的探放水钻机。严禁使用煤电钻探放水。

三、老窑水的探放

（一）探放水工程设计的内容

（1）探放水迎头周围的水文地质情况，如老窑积水情况，确切的水头高度，积水量，正常涌水量，与上（下）层采空区、相邻积水区、地表河流、建筑物、周围老窑及断层等导水构造的关系，以及存在的不利因素，积水区与其他含水层的水力联系程度等。

（2）巷道掘进方向、规格、保护形式、钻眼组数，每组个数、方向、角度、深度、施工技术要求，施工次序，确定采用的超前距与帮距。

（3）探水施工与掘进工作的安全规定。

（4）受水威胁地区的信号联系和避灾路线的确定。

（5）探水巷的专用电话、通风措施和瓦斯专职跟班检查制度。

（6）防排水措施，如清理水沟、水仓，水泵及管路的具体安排，积水量大时要设计水闸门、水闸墙。

（7）建立水情及避灾汇报制度和灾害处理措施。

（8）附老窑位置及积水区与现采区关系平面图，探放水钻孔布置平面图与剖面图。

（二）探放老窑水的原则

除遵循"预测预报、有疑必探、先探后掘、先治后采"的防治水原则外，还应遵循下述原则：

（1）积极探放。当老窑不在河沟和重要建筑物下面，排放老窑积水不会过分加重矿井排水负担，且积水下面又有大量煤炭资源亟待开采时，这部分积水应千方百计地放出来，以彻底解除水患。

（2）先隔离后探放。与地表水有密切水力联系的老窑水，雨季可能接受大量补充，或老窑水的涌水量较大。为避免长期负担排水费用，对这种积水区应先设法隔断或减少其补给来源，然后进行探水。若隔断水源有困难，无法进行有效的探放，应留设煤岩柱与生产区隔开，待到矿井生产后期再行处理。

（3）先降压后探放。对水量大、水压高的积水区，应先从顶底板岩层打穿层放水孔，把水压降下来，然后再沿煤层打探水钻孔。

（4）先堵后探放。当采空区被强含水层水或其他大水源水所淹没，出水点有很大的补给量时，一般应先堵住出水点，而后探水放水，终孔直径不得大于58mm。

（三）探放老窑采空区水的步骤及方法

探水前应注意的事项：

（1）检查排水系统，准备好水沟、水仓及排水管路；检查排水泵及电动机，使之正常运转，达到设计的最大排水能力。

（2）准备堵水材料。在探水地点应备用一定数量的水泥（或化学浆）、套管、闸阀、坑木、麻袋、木寒、泥、棉线、锯、斧等，以便出水或来压时及时处理。

（3）检查瓦斯。瓦斯浓度超过安全规定时应停止工作，及时加强通风。

（4）加强钻孔附近的巷道支护，并在工作面迎头打好坚固的立柱和挡板。有松动或破损的支架要及时修整或更换。帮顶是否背好，都要一一检查。

（5）检查煤壁。煤壁有松软或膨胀等现象时，要及时处理，闭紧填实，必要时可打上木垛，防止水流冲垮煤壁，造成事故。

（6）检查水沟。巷道水沟中的浮煤、碎石等杂物，应及时清理干净。若水沟被冒顶或片帮的煤岩堵塞时，应立即修复。

（7）在预计水压大于0.1MPa的地点探水时，预先固结套管。套管口安装闸阀，套管深度在探放水设计中规定。预先开掘安全躲避硐，制定包括撤人的避灾路线等安全措施，并使每个作业人员了解和掌握。

（8）依据设计，确定探水孔位置时，由测量人员进行标定。负责探放水工作的人员亲临现场，共同确定钻孔的方位、倾角、深度和钻孔数量。

（9）钻孔内水压大于1.5MPa时，采用反压和防喷装置的方法钻进，并制定防止孔口管和煤（岩）壁突然鼓出的措施。

（10）检查安全退路。避灾路线内不许有煤炭、木料、煤车等阻塞，要时刻保证避灾路线通畅无阻。

（11）检查打钻地点或附近安设的专用电话。

（12）煤层内原则上不得探高压充水断层、强含水层及陷落柱水，应在水闸墙外探水。

（13）探水钻孔除兼作堵水或者疏水用的钻孔外，终孔孔径一般不得大于75mm。

在探放水钻进时，发现煤岩松软、片帮、来压或者钻眼中水压、水量突然增大和顶钻等透水征兆时，应当立即停止钻进，但不得拔出钻杆；应当立即向矿井调度室汇报，派人监测水情。发现情况危急，应当立即撤出所有受水威胁区域的人员，然后采取安全措施，进行处理。

探放采空区水前，应当首先分析查明采空区水体的空间位置、积水量和水压。探放水孔应当钻入采空区水体，并监视放水全过程，核对放水量，直到采空区水放完为止。当钻孔接近采空区时，预计可能发生瓦斯或其他有害气体涌出的，应当设有瓦斯检查员或矿山救护队员在现场值班，随时检查空气成分。如果瓦斯或其他有害气体浓度超过有关规定，应当立即停止钻进，切断电源，撤出人员，并报告矿井调度室，及时处理。

钻孔放水前，应当估计积水量，并根据矿井排水能力和水仓容量，控制放水流量，防止淹井；放水时，应当设有专人监测钻孔出水情况，测定水量和水压，做好记录。如果水量突然变化，应当及时处理，并立即报告矿调度室。

（四）探水的安全措施

（1）检查安钻场地的巷道支护和通风情况，只有安全状况好，才可平稳、牢固地安装钻孔。有专用电话预先规定好报警联络信号、涌水时的对策及人员避灾路线等。

（2）钻场周围有出水征兆时，在加固巷道支护后，另找安全地点探水。

（3）钻机安装必须牢固可靠，接电时，严格执行停送电制度，电缆悬挂整齐，排水设施应配套、完善。

（4）严格按探水作业规程设计的孔数、孔位、方位、倾角、孔深依次施工，不得擅自更改。

（5）严格交接班制度。接班后开钻前先检查立柱、孔口安全装置、周围支护和报警信号，有问题处理后才开钻。钻进时，要注意判别煤岩层厚度变化并记录换层深度。一般每钻进10m或更换钻具时，要丈量一次钻杆并核实孔深。终孔前复核一次，以防孔深差错造成水害事故。

（6）钻进中发现有害气体超标时，应加强通风；如有害气体喷出，在加强通风的同时，用黄泥、木塞（预先备好）封堵孔口。如无法处理，应切断电源，停止工作，撤到新鲜风流地点，用电话报告调度室组织处理。

（7）钻进中发现孔内显著变软或沿钻杆流水，立即取水样送去化验，应立即停钻检查。如果孔内水压很大，应固定钻杆并记录其深度。在提出钻杆前，必须重新检查、加固有关设备和支护，并打开三通泄水阀，缓缓钻进超原孔深1m以上，将淤泥、碎石冲出孔外，再抽出钻杆，以利安全放水。

（8）遇高压水顶钻杆时，用立轴卡瓦和逆止阀交替控制钻杆，使其慢慢顶出孔口。操作时，严禁人员直对钻杆而立。

（9）在水压高、水量大的情况下探水时，应事先安好孔口装置，并在探水工作面附近设临时水闸门。

（10）巷道与积水区间距小于超前距，或有采空区水征兆时，应立即将工作面和两帮支严背紧，再另选安全地点探水。

（11）在水压高、水量大，或煤层松软、节理裂隙发育的情况下，在煤层中打钻不安全，应采用隔离式探水。

（12）探水结束后，在探水点悬挂允许掘进起止位置（距离）牌。

（13）每次探水结束，在掘进前，探水队应填写掘进通知单报总工程师批准后交技术、安全、调度和施工队掌握执行。

（五）放水及放水后掘进的安全措施

（1）探到积水，应据水压复核原有积水资料，确定放水量及放水孔个数，进一步调整排水能力，使排水供电系统符合相关要求，并清理好水仓、水沟等。

（2）派专人监视放水情况，如实记录放水量，发现异常及时妥善处理。

（3）加强放水地点的通风，增加有害气体的检测次数，或设瓦斯警报器。

（4）放水结束后，立即核算放水量与预计积水量的误差，查明原因，以防有残留积水。

（5）受地表水（含大气降水）强烈补给的老窑区，放水后一般应通过一个水文年的观察，方可掘透老窑。恢复掘进和透老窑前必须进行扫孔或补孔检查。

（6）掘透老窑时，两侧应有掩护孔，并在有风流进出的透老窑点标高以上掘进，以防由于"淤泥"、碎石收缩堵孔而发生残留积水透水的危险。

（7）进入老窑区后，遇见实体煤区或致密矸石充填区，无法观测前方老窑情况时，需探水前进，以防残留积水的危害。老窑或采空区积水放净后，应检查地面沉陷、井泉水位及水量变化和地面建筑的破坏情况，并妥善处理。

（8）放水工作应尽量避免在雨季进行。

（9）掘进中有突水征兆时，必须立即停掘，情况紧急时，必须立即发出警报，撤出受水威胁地点的全部人员。

（10）严格执行"四不掘进"制度：当工作面或炮眼有突水征兆时不掘进；探水钻超前距或帮距不符合规定时（<20m时）不掘进；掘进头支架不牢或空顶时不掘进；排水系统不正常时不掘进。

（11）掘进班长必须在现场交接班，交接允许掘进剩余长度和水情情况，巷道中线与允许前进方位的关系等问题。

（六）孔口安全装置的布设

大于2MPa水压的探放水孔必须使用孔口安全装置。它由孔口管、泄水测压三通、孔口水门和钻杆逆止阀（必要时安装）等组成。其施工和安装程序如下：

（1）选择岩层坚硬完整地段开孔，孔径应比孔口管直径大1～2级，钻至预定深度（视水位高低和煤岩层强度而定）后，将孔内冲洗干净。

（2）向孔内注入水泥浆，将预先准备好的孔口管（末端应塞以木塞）放入孔内，待水泥凝结后，即可在孔内钻进；也可将孔口管插入孔内后，在孔口部分用掺有水玻璃的水泥浆将孔口管固定封死。在孔口管的上方另留1～2个小管（或水针），而后从孔口管内向四周压入水泥浆，待从小管跑出浓水泥浆时即将小管封死。继续向孔口管内压入水泥浆，至一定压力后停止注浆，关闭孔口管闸阀，待水泥浆凝固。

（3）水泥浆固结后扫孔，其深度超过孔口管长度0.5～1m后，向孔内压水。试验压力大于孔口管末端承压静水压力的1.2倍或水压值超过预计放水时的水压，稳压时间至少保持半小时，孔口管周围没有漏水现象，说明合乎要求，否则需要重新注浆加固。

（4）如探放强含水层水或需要收集放水时的水量与水压资料以及为了安全目的时，还应在孔口管上安装水压表、水门、三通、泄水短管等。

（5）对水压高于1.0MPa且水量较大的积水或强含水层进行探放水时，孔口应安设防喷逆止阀，以避免高压水顶出钻杆，喷出碎石伤人。安设防喷逆止阀时应注意以下5点：

①防喷立柱必须切实打牢固，它与防喷挡水板用螺钉固定，挡水板上留有钻杆通过的圆孔。

②逆止阀固定盘与挡板用固定螺钉连接。

③逆止阀固定盘与挡板在打倾斜孔时，两者间有不同的夹角可用木楔夹紧；打水平孔时二者重叠（夹角为零）固定；打垂直孔时可直接与孔口水门法兰盘连接。

④孔内遇高压水强烈外喷并顶钻时，用逆止闸制动手把控制钻杆徐徐退出拆卸。当岩芯管离开孔口水门后，立即关孔口水门，让高压水沿三通泄水阀喷向安全地点。

⑤当积水为pH小于5的酸性水，放水时间又较长时，孔口安全装置应涂防腐漆或沥青以防腐蚀，必要时用铜或不锈钢材料制造孔口安全装置。

第五节　断层水和强含水层的探放

一、含水断层

（一）探放水对象

（1）采掘工作面接近已知含水断层60m时。

（2）采掘工作面接近推测含水断层100m时。

（3）采区内小断层使煤层与强含水层的距离缩短时。

（4）采区内构造不明，含水层水压大于20kg/cm^2（1.86MPa）时。

（5）采掘工作面底板隔水层厚度与实际承受的水压都处于临界状态（等于安全隔水层厚度和安全水压的临界值），在掘进工作面前方和采面影响范围内，是否有断层情况不清，一旦遭遇很可能发生突水时。

（6）断层已为巷道揭露或穿过，暂时没有出水迹象，但由于隔水层厚度和实际水压已接近临界状态，在采动影响下，有可能引起滞后突水，需要探明其深部是否已和强含水层连通，或有底板水的导升高度时。探断层水的钻孔最多布置3个，以探明断层位置、产状要素、断层带宽度，查明断层带充水情况、含水层与断层的接触关系、位置和水力连通情况、静水压力及涌水量大小，以达到一孔多用的目的。

断层水探明后，应根据水的来源、水压和水量采取不同措施。若断层水是来自强含水层，则要注浆封闭钻孔，按规定留设煤柱；已进入防水煤柱的巷道要加以充填或封闭。若断层水性不强，可考虑放水疏干。

（二）探放水钻孔设计内容

探放水钻孔设计内容如下：

（1）采区的构造分布和含水层层数、厚度、水压、水量及可能的水力联系，所探构造与采掘工作面的相应位置。

（2）探放水钻孔的布置及要求，安全注意事项。

（3）附采掘巷道平面图和纵横剖面图。

（三）探放水钻孔布置及要求

探放水钻孔布置及要求如下：

（1）至少布置3个孔，以取得断层的走向、倾角、落差、破碎带宽度及含水情况，断层两侧含水层与开采煤层之间的距离等准确资料。

（2）附钻孔布置平面图及每个钻孔的预想剖面图。

（3）水压大时每个钻孔都必须在完整岩层内开孔并安装孔口套管及阀门。

（四）安全注意事项

（1）探水后放水与否视具体情况而定，必要时可采取留断层保护煤柱、巷道绕行或注浆加固断层等措施。

（2）如果井田边界为断层，钻孔开孔位置必须在隔离煤柱以外，探水后的采掘工作面及破坏预留的煤柱，探明情况后，每一个钻孔都要注浆封孔。

（3）放水前一定要安排好排水沟和排水系统。

（4）沿断层防水煤柱边缘布置的工作面，在煤柱附近开切割眼时，必须边探边掘，随时对防水煤柱进行探查，探查防水煤柱尺寸是否符合设计规定，如不符合规定，按煤柱尺寸要求重新开切割眼。探查后，所有钻孔必须封孔。

二、强含水层

（一）探放水对象

（1）顶板上影响采掘工作面的强含水层。

（2）底板下需要疏水降压的高压强含水层。

（二）探放水设计内容

（1）采区及其周围的构造分布和顶底板含水层的层数、厚度、水压、水量及其变化规律；含水层与煤层的间距。

（2）附采区巷道平面图及包括疏水孔、观测孔在内的纵横剖面图。探强含水层及其他可疑水源的方法与探采空区水类似。

3

第三章　煤矿水害防治的基础理论与方法

第一节　我国的主要含煤地层

一、晚古生代石炭二叠纪含煤地层

（一）华北型晚古生代石炭二叠纪含煤地层

华北型晚古生代石炭二叠纪含煤地层包括中石炭世本溪组、晚石炭世太原组、早二叠世山西组和下石盒子组四个地层，广泛分布在华北地区，北界为阴山、燕山及长白山东段，南界为秦岭、伏牛山、大别山及张八岭，西界为贺兰山、六盘山，东界为黄海、渤海。遍及京、津、冀、鲁、豫的全部，辽、吉、蒙的南部，甘、宁的东部，以及陕、苏、皖的北部。

（二）华南型晚古生代石炭纪、二叠纪含煤地层

晚古生代石炭纪、二叠纪含煤地层包括晚石炭世测水组、早二叠世官山段和梁山段，以及晚二叠世龙潭组或吴家坪组三个地层，主要分布在秦岭巨型纬向构造带和淮阴山字形构造带以南，川滇经向构造带以东的华南诸省。

二、中生代含煤地层

（一）晚三叠世含煤地层

我国晚三叠世含煤地层在昆仑-秦岭-大别山以南，重要的含煤地层包括湘赣的安源组、粤东北的艮口群、闽浙一代的焦坪组、鄂西的沙镇溪组、四川盆地的溪家河组、云南的一平浪群、滇东和黔西的大巴冲组、西藏的土门格拉组；在昆仑-秦岭构造以北，重要的含煤地层包括鄂尔多斯盆地的瓦窑堡组、新疆的塔里奇克组，以及吉林东部局部保存的北山组等。

（二）早、中侏罗世含煤地层

中国早、中侏罗世含煤地层包括鄂尔多斯盆地的延安组、山西大同盆地的大同组、北京的窑坡组、北票的北票组、内蒙古石拐子的五当沟组、河南的义马组、山东的坊子组、青海的小煤沟组、新疆的水西沟群等，主要分布在我国的西北和华北地区，以新疆的储量最为丰富。

（三）晚侏罗世-早白垩世含煤地层

晚侏罗世-早白垩世含煤较早多数发育于孤立的断陷型内陆山间盆地或山间谷地之中，含有厚或巨厚煤层。主要含煤地层包括黑龙江的穆林组，辽宁的沙海组、阜新组，内蒙古的伊敏组、霍林河组，吉林的九台组等，主要分布在我国东北和内蒙古东部地区。

三、新生代含煤地层

根据聚煤期、盆地成因类型特点，新生代含煤地层可分南、北两个聚煤地区。北区主要含煤地层包括辽宁抚顺的老虎台组、栗子沟组、古城子组，吉林的舒兰组、梅河组，黑龙江的虎林组，山东的黄县组。主要分布在大兴安岭-吕梁山以东地区，最南到河南省的栾川、卢氏，最北至黑龙江的孙吴、逊克，东部分布于二江平原的图们及山东的黄县、平度。聚煤时期以早第三纪始新世、渐新世为主。

南区主要含煤地层包括云南开远的小龙潭组、滇东昭通组，台湾西部地区有晚第三纪中新世三峡群（南庄组）、瑞芳群（石底组）、野柳群（木山组）。主要分布在秦岭—淮河以南的广大地区，东至台湾的西部地区、浙江的嵊州市，南达海南省的长坡、长昌，西抵云南的开源、昭通及西藏的巴喀和四川西部的白玉、昌台等地。聚煤时期为早第三纪渐新世、晚第三纪中新世和上新世。

第二节　我国煤矿的水文地质特征与区域类型

一、华北石炭二叠系的岩溶-裂隙水

我国华北石炭二叠系含煤地层，北起阴山古陆及沈阳和龙隆起，南至秦岭–大别山古陆，西达贺兰山–六盘山构造带，东抵胶辽古陆的广大地区，为一横跨15个省（市、区）的巨大聚煤区。该区在早古生代时整体缓慢下沉，普遍沉积了寒武系和奥陶系浅海碳酸岩；加里东构造运动又使其整体上升为陆，长期遭受剥蚀；至中石炭世又开始整体缓慢、震荡下沉，在中奥陶统石灰岩剥蚀面上普遍接受了海陆交替相的本溪组和太原组的含煤沉积；晚石炭世晚期始该区整体缓慢上升，海水逐渐退出，区内广泛连续沉积了早二叠世山西组、下石盒子组及晚二叠世早期上石盒子组煤系。形成了巨大的多纪、多组、多煤层的聚煤区。这种特殊的大地构造与地史演化规律决定了华北石炭二叠系水文地质条件具有垂向变化大、水平分带明显的特点。

（一）基底奥陶系和寒武系的岩溶水是煤炭资源开发的最大水害威胁

本区石炭二叠纪含煤地层普遍平行不整合于中奥陶统石灰岩剥蚀面上（仅在南北古陆边缘局部超覆于下奥陶统或寒武系石灰岩之上）。在煤系沉积之前，奥陶系或寒武系碳酸岩长期遭受剥蚀，岩溶普遍发育，尤以奥陶系石灰岩为甚。此后，在印支、燕山、喜马拉雅构造运动中，区内隆起和构造破坏地段岩溶发育进一步加强，在隆起区石灰岩大片出露，岩溶区的补给条件也进一步增强。

该区为亚湿润-亚干旱气候区，约70%的面积年降水量为600～1000mm，约20%的面积年降水量仅为200～600mm。大气降水多集中在每年的七、八、九三个月，雨季的降水量约占全年降水量的70%，为地下水提供了充足的补给水源，岩溶水的动态变化具有明显的季节特征，雨季就成了矿井水害的多发期。

因此，在石炭二叠纪煤田的基底普遍存在水量丰富、含水构造规模巨大的岩溶承压含水层。煤层开采时，底板高压岩溶水往往通过断裂、陷落柱，或巷道、采区的采动破坏带等导水通道，大量涌入矿井，形成矿井水害。

（二）石炭系太原组岩溶水是煤炭资源开发的第二大水害威胁

本区石炭世为海陆交替环境，本溪组和太原组均沉积有数层薄至中厚层石灰岩。早石炭世时，本区古地形是西高东低，南高北低；海侵由东向西，海退由西向东。因此，本溪组的沉积厚度东厚西薄，北厚南薄；灰岩层数和厚度由东向西逐渐减少、变薄，以致完全缺失。灰岩层数较多较厚的地区仅限于徐州、山东、河北中东部到天津一带；太行山以西灰岩层数少、厚度薄，至吕梁山以西则缺失灰岩沉积；徐州-邯郸一带以南也缺失灰岩沉积。本溪组厚度一般为20～60m，下部为紫色泥岩夹黏土矿；中部为黄色砂岩、泥岩夹透镜状灰岩，含薄煤及煤线；上部为黄色泥岩、细砂岩夹石灰岩。本溪组一般不含可采煤层（本溪和石炭井的呼鲁斯太区除外），对于太原组和山西组煤层的开采，本溪组总体上是一个相对隔水层组，正常情况下奥灰（或寒灰）岩溶水须突破本溪组才能进入矿井。当本溪组的厚度和强度足以抵抗奥灰（或寒灰）岩溶水的水压时，奥灰（或寒灰）岩溶水很难直接进入矿井，只有通过断裂、陷落柱等导水通道，或由于断层两盘岩层的相对运动与上覆含水层对接补给上覆含水层，才能向矿井充水。当本溪组厚度较薄，奥灰（或寒灰）水压较高时，奥灰（或寒灰）岩溶水就可能突破底板进入矿井。只有当本溪组含厚度较大的灰岩，岩溶较发育，且与奥灰（或寒灰）有水力联系时，才易造成矿井底板突水，淄博、济东、肥城、井陉、新汶等矿区的徐家庄灰岩厚达5～60m，就是如此。

晚石炭世时，本区海侵由东南向西北，海退则由西北向东南。在多次海水进退交替过程中接受了太原组沉积，煤层由北向南逐渐变薄，石灰岩层数和厚度由东南向西北逐渐减少、变薄。致使太原组的水文地质条件既受本组灰岩水文地质因素的控制，又与是否与下伏的奥灰（或寒灰）含水层有水力联系有关，存在明显的分带性。石家庄–太原一带以北地区为北带，太原组以陆缘沉积的碎屑岩为主，只含少数薄层灰岩，甚或不含灰岩，地下水以砂岩含水层中的裂隙水为主，水文地质条件比较简单，开采太原组煤层的水害威胁是奥灰高压岩溶水。石家庄–太原一带以南至郑州–徐州一带以北的地区为中带，太原组以海陆交替沉积为主，含有多层煤层和薄至中厚层石灰岩层，其中数层煤可采或局部可采。石灰岩位于煤层的顶底板，岩溶发育，是开采太原组煤层的直接充水含水层。当灰岩厚度较大且与奥灰有水力联系时，往往容易导致开采山西组煤层时底板突水。郑州–徐州一带以南为南带，太原组以海相沉积为主，石灰岩层数多、厚度大，煤层的可采性变差，太原组所含灰岩主要对上覆的山西组和下石盒子组煤层的开采有一定威胁。早二叠世时海水已退出本区，全区上升为陆地，整个二叠系基本为一套陆相沉积，不含灰岩。因此，二叠系的水文地质条件相对太原组要简单得多，开采煤层时矿井充水水源一般为煤系中的砂岩裂隙水，水量不大。当开采下部的山西组煤层时，如果煤层与下伏灰岩含水层间的隔水层厚度较薄，下伏灰岩含水层的水压又较高，就可能通过导水断层、除落柱或封孔不良钻孔等通道涌入矿井。上、下石盒子组的煤层距下伏灰岩含水层很远，水文地质条件更为简单。

该区煤田分布范围大，可开采煤层多、储量大，煤种齐全，是我国最重要的煤炭能源基地，对国民经济发展具有举足轻重的地位。但下部的太原组和山西组煤层开采时，受底板强含水层威胁，涌水、突水较频繁，涌水量大或特大，常常影响生产或造成淹井事故，矿井安全生产受到严重威胁，排水费用负担也较大，为我国煤矿矿井防治水的重中之重。

二、华南晚二叠统的岩溶水

华南晚二叠统岩溶水主要分布于昆仑-秦岭构造带东段以南，川滇构造带以东地区。含煤地层有早二叠世早期的梁山组、晚期的童子岩组和晚二叠世的龙潭组，其中龙潭组含煤最好、分布最广，是我国南方最具资源价值的含煤地层。

梁山含煤段是在快速海进条件下形成的滨海相为主的含煤沉积，厚度薄而变化大，与下伏地层接触关系复杂，与上覆栖霞灰岩为连续沉积。梁山组夹于下伏灰岩与栖霞灰岩之间，顶底板均受到岩溶水的直接威胁，水文地质条件复杂。童子岩组本身含水不大。下伏栖霞灰岩虽含丰富的岩溶水，但被巨厚的以灰黑色泥岩、粉砂岩为主的文笔山组隔水层阻隔，岩溶水一般难以向矿井充水。上覆翠屏山组虽有砂岩、砾岩含水层，但对矿井开采影响不大。因此，童子岩组的水文地质条件比较简单。

晚二叠世早期，华南区自西南向东北开始了缓慢海侵，在川滇古陆以东-武夷古陆以西的广大区域沉积了本区最重要的、以海陆交替相为主的含煤地层-龙潭组。之后，海侵范围迅速扩大，在龙潭组之上普遍沉积了长兴灰岩。

华南晚二叠统煤田的水文地质条件，既受煤系本身含水性控制，又受下伏、上覆地层含水性的影响，差别很大。在龙潭组以浅海相为主的地区，煤系中含石灰岩较多，岩溶发育，加之下有茅口灰岩，上有长兴灰岩，以及华南区气候湿润，年降水量达1200~2000mm，降水丰沛，地表水体广布，水文地质条件往往十分复杂，容易发生（顶板、底板或煤系的）灰岩溶洞突水淹井事故。在龙潭组以滨海相为主的地区，煤系中含少量薄层石灰岩，岩溶不发育，煤系含水性不大，水文地质条件相对简单。但当同时受到底板茅口灰岩和顶板长兴灰岩的岩溶水威胁时，水文地质条件就变得复杂。如湘中各煤田，主要可采煤层距下伏茅口灰岩仅零点几米到几米。在龙潭组以陆相为主的地区，煤系中不含石灰岩，以砂岩裂隙水为主，煤系含水性不大，水文地质条件主要取决于与下伏、上覆灰岩的水力联系程度。

华南晚二叠统龙潭组煤层开采时，既受底板茅口灰岩岩溶水威胁，又受顶板长兴灰岩岩溶水威胁；岩溶发育程度强烈，分布范围广泛，与地表水联系密切，岩溶以暗河、溶洞为主，规模以发育深度较浅的中、小型为主。煤层开采过程中，岩溶水突水频繁，突水量大，经常影响生产或淹井；矿井的正常涌水量为3000～8000m³/h，排水负担重。当巷道布设于底板茅口灰岩强含水层中时，突水、出水更加频繁。由于岩溶发育程度深而深度浅，矿井排水时，岩溶含水层水位下降，往往造成大范围地面塌陷，甚至发生井下黄泥突出堵塞井巷。矿井安全受到水害的威胁严重，雨季更加危险。

三、西北侏罗系的裂隙水

西北侏罗系的裂隙水位于昆仑-秦岭构造带以北，我国西部和西北部的新疆、青海、甘肃、宁夏、陕西北部和内蒙古西南部广大地区，包括有准噶尔煤盆地、吐鲁番煤盆地、伊宁盆地、塔里木北缘和南缘煤盆地、柴达木北缘煤盆地，青海大通河煤盆地，甘肃靖远-会宁煤盆地、青海的西宁-大通煤盆地，以及陕北的鄂尔多斯煤盆地、内蒙古的大青山煤盆地等。晚三叠世末的印支构造运动对我国的影响巨大，控制了我国早、中侏罗世聚煤作用的分布格局。在北方地区，西部构造运动微弱，地壳平稳下降，而且气候潮湿，利于成煤，在天山南北的吐鲁番、准噶尔、伊宁、鄂尔多斯盆地形成了一些大型煤田；东部初期构造运动影响强烈，地壳运动剧烈，气候为半干旱气候，不利成煤，至早侏罗世晚期-中早侏罗世，地壳运动才渐趋稳定，气候转化为潮湿气候，利于成煤，形成了大同、蔚县、北京、北票等煤田。在华南地区，早期构造运动较强烈，地形差异显著，后期构造运动微弱，地形渐趋夷平，但气候又转为干旱，故华南地区早、中侏罗世聚煤作用微弱，虽含煤地分布比较广，但含煤性较差。

西北最具代表性的早、中侏罗世煤田有准噶尔煤盆地、鄂尔多斯煤盆地和大同煤盆地。准噶尔煤盆地的主要含煤地层为早、中侏罗世的水西沟群的下部八道湾组（属早侏罗世）和上部的西山窑组（属中侏罗世），鄂尔多斯煤盆地的主要含煤地层为延安组，大同煤盆地的主要含煤地层为大同组。含煤地层全为陆相沉积，其上覆与下伏地层也均为陆相沉积，含水层以裂隙水为主，孔隙水次之，不存在岩溶水问题。此外，该地区以干旱气候为主，局部为亚干旱气候区。区内约80%的面积年降水量为25~100 mm，约20%的面积年降水量为100~400 mm。该区严重缺水，大气降水对地下水的补给不足。因此，西北早、中侏罗世煤田水文地质条件整体简单，但部分地区存在地表水和老窑水，可能造成煤矿水害。

河北的蔚县煤田，早、中侏罗世含煤地层为下花园组，含煤地层及其上覆地层均为陆相沉积，但煤系沉积基地为下奥陶统和寒武系灰岩。由于本区在印支运动中隆起，长期遭受剥蚀，使下奥陶统和寒武系灰岩出露地表，经受了较长时期的岩溶作用，岩溶裂隙发育深度在灰岩剥蚀面以下约50m，下花园组直接覆盖在岩溶灰岩含水层之上，形成不同于其他早、中侏罗世煤田的特有水文地质条件，如区内玉峰山矿开采下花园组1号煤层时曾发生六次底板突水，造成两次淹井。

四、东北晚侏罗-早白垩纪的裂隙-孔隙水

中、晚侏罗世之间，燕山构造运动使我国东部地区形成一系列呈北北东向排列的中、小型断陷盆地及山间盆地。时值东北和内蒙古东部地区气候潮湿，适于植物生长。故在大兴安岭两侧的盆地中堆积了我国重要的晚侏罗-早白垩世陆相含煤地层，具有代表性的有黑龙江省的城子组、辽宁省的阜新组和内蒙古的白音花群。由于晚期燕山运动和喜马拉雅运动在本区表现出不同的特征，致使区内各煤田的水文地质条件存在显著的区域性差异。总体上，以大兴安岭为界，两侧煤田具有两个各具特色的水文地质条件类型。

地层沉积厚度小，岩石石化程度低，水文地质具有如下特征：

（1）煤层上覆砂质岩层仍为松散或半松散状态，岩石颗粒间的原生孔隙仍基本保存或部分保存；泥质岩层仍保持塑性状态，是良好的隔水层。煤层开采时以孔隙水为主，裂隙水次之。

（2）煤层相对坚硬，易发生脆性破裂，煤层中裂隙发育，含水丰富，为主要含水层。

（3）顶底板岩层岩石石化程度低，开采时顶底板控制和巷道维护困难，容易发生砂岩涌砂、透水。

（4）断层带及两盘岩石中裂隙不发育，含水性低，透水性差。

大兴安岭以东地区，含煤地层沉积以后，含煤盆地继续下陷，在含煤地层之上沉积了3000～5000m厚的新地层，受高温高压作用含煤地层石化程度较高，原生裂隙基本消失；岩层埋藏较浅的局部区域，风化作用形成了风化裂隙带。因此，大兴安岭以东地区含煤地层中含水层以砂岩裂隙水或风化裂隙水为主。由于岩石坚硬，在后期构造运动中易发生脆性破裂，故断层带及两盘岩石中一般裂隙发育，含水性较好，透水作用较强。燕山运动末至喜马拉雅运动，该区进一步分化成中部的满东隆起与松辽坳陷、三江坳陷。位于隆起区的煤田，水文地质条件较简单，煤层开采主要水害为断裂、风化裂隙与采动裂隙导通第四系砂砾层水或地表水。位于坳陷的煤田，煤层露头隐伏于新生界含水层之下，使得水文地质条件变得相对较复杂。大兴安岭以西的晚中生代属断块盆地构造，经历了断块破裂、初期拉张、强烈张陷、晚期萎缩和挤压隆升完整的盛衰演化过程。该区盆地具有两坳夹一隆的构造格局。隆起以西的断陷多西断东超，断陷规模大，地层全，湖相沉积环境稳定，多为有利的生油断陷。

该地区晚侏罗-早白垩世含煤地层为陆相沉积，对煤层有水力影响的顶底板岩层中不含石灰岩层，岩溶水的威胁不存在。由于成煤期及以后，古地形分异明显，故水文地质条件存在明显地区差异，整体上煤矿水害不太严重，部分矿区受地表水、第四系松散层水和由地表水与松散层水补给含水层的威胁，有时会造成溃砂、透水，甚至淹井事故。

五、西藏-滇西中生界的裂隙水

西藏-滇西一带中生界含煤地层主要包括：多尼组，分布在怒江以西的八宿-嘉黎一带；拉萨群，分布在拉萨附近的林周、堆龙德庆、墨竹工卡一

带；川坝组，分布在改则川坝–玛米一带。西藏–滇西中生界含煤地层为厚达
1600～5500m的陆相沉积，主要为砂岩、粉砂岩、泥岩，含可采或局部可采
煤层。晚白垩世的秋乌组，分布在日喀则市雅鲁藏布江两岸，为陆相沉积，
厚度为480～1000 m。该地区中生代煤系含水层以含裂隙水为主。此外，该区
气候湿润–亚湿润，区内约55%的面积年降水量为300～600mm，约35%的面
积年降水量为800～1000 mm，约10%的面积年降水量为1000～2000mm，加之
地形切割严重，地表高差大、坡度大，不利于大气降水对地下水的补给。整
体上，该区白垩纪煤田的水文地质条件为简单或较简单，煤层开采时，矿井
水害一般不大。

六、台湾第三系的裂隙-孔隙水

我国晚第三纪含煤沉积主要分布在唐古拉山–成都–杭州一带以南地区，
其中以云南省的龙潭组含煤性最好，台湾地区晚第三纪含煤沉积也发育较
好。台湾地区晚第三纪含煤沉积以陆相为主，沉积厚度达7000m之多，煤层
上覆、下伏岩层均以陆相砂、泥岩层为主，仅局部含石灰岩透镜体。成煤至
今，煤系地层经历的时间短，经受的构造运动少，岩层固结程度低，砂质岩
层以含孔隙水为主，基本不存在岩溶水问题，水文地质条件比较简单。

第三节　我国煤矿水害的主要类型及特点

一、煤层顶板充水含水层水害

煤系地层上部同时发育有多层充水含水层，有的甚至是强岩溶充水含水
层，含水层的水可以通过断层等天然导水通道涌入矿井。由于厚煤层和多煤
层的重复采动和断裂带塌陷滑移的程度不同，以及煤层顶板围岩结构及性质

特征的改变，使采动导水断裂带发育高度和部位也随之变化，这些常使煤层顶板充水含水层未查明的一些富水带中的地下水突然泻入采掘工作面，造成淹没工作面、采区、生产水平或全矿井等的严重水害事故。当煤系地层顶部充水含水层的隐伏露头部位与第四系松散孔隙含水层地下水有水力联系或露头部位出露于地表得到地表水体或大气降水的强烈补给，而且含水层位于煤层顶板采动导水断裂带影响范围之内时，矿井水害的预防和治理就更加复杂与困难，甚至可能造成大量煤炭资源无法开采，或开采后经济效益极不合理。

二、煤层底板承压充水含水层水害

煤层底板承压充水含水层水害是煤矿发生频率最高、危害程度最大的一种灾害，突水经常导致淹井、淹水平、淹采区、淹工作面，甚至伤人的重大事故。主要原因是我国主要煤矿床的基底沉积了巨厚的碳酸盐岩溶充水含水层，最典型的如华北石炭二叠煤系，其基底为巨厚的奥灰或寒灰岩溶含水层。这些碳酸盐岩石分布广、厚度大，地质历史上经受过强烈的岩溶化作用，后期大地构造运动又使其大面积裸露地表，含水层的露头或隐伏地层与第四系松散孔隙含水层接触补给的面积大，接受大气降水、地表水或孔隙地下水补给的能力强。由于煤层底板相对隔水层厚度的变化、阻水岩层岩性组合在剖面上的复杂多变、煤层底板断裂裂隙发育程度的不同、采掘工作面矿压作用于煤层底板的强度和对煤层底板破坏深度的不同及煤层的倾斜，随着煤层开采深度的延深，具有补给条件的概率越来越高，作用于煤层底板的水压越来越大，稍一疏忽就会出现底板水害事故。因此，煤层底板突水机理复杂，很难预先查明，突水的概率也比较高。

三、岩溶陷落柱水害

我国广泛分布的华北石炭二叠系煤层的基底存在巨厚的奥陶系、寒武系灰岩含水层，在漫长的地质历史过程中形成了巨大的溶洞，上覆岩层垮塌后，便形成岩溶陷落柱。由于岩溶水水量丰富、水压高，陷落柱又具有隐蔽性，一旦采掘工程接近或揭露岩溶陷落柱时，就可能形成灾害性突水水害。该种类型的水害赋存条件孤立而隐蔽，事前难以探查发现，防治难度极大，太行山两侧的煤矿在采掘过程中就经常遇到岩溶陷落柱问题。

在我国南方与西南一些地区，第四系松散层覆盖于可溶岩层之上，溶蚀作用形成岩溶塌落洞，使上覆松散层塌陷而将地表水或第四系含水层水倒入矿井引发的水害，可归入这一类型。

四、断层破碎带突水水害

断层破碎带突水水害既可能与煤层顶板含水层或底板含水层发生水力联系，也可能与老窑水、地表水发生联系，为矿井涌、突水提供导水通道，甚至提供充水水源（断层破碎带含水），是煤矿水害类型中最为普遍的一类。它可以沿断层走向很长一段普遍导（含）水而引发水害，也可以是局部的一小段甚至一个点导水而诱发突水。有的断层破碎带原始状态是不导（含）水的，但由于采动条件下引起顶板导水裂隙提高了上限或底板岩体裂隙的存在，断层破碎带发生活化而转化为导水断层，发生矿井水害。此类水害的预防和治理是非常困难和复杂的。

五、第四系松散孔隙含水层和第三系砂砾含水层、灰岩岩溶含水层水害

第四系松散孔隙含水层和第三系砂砾含水层、灰岩岩溶含水层往往呈不整合覆盖于煤系地层或沉积基底岩层之上，直接接受大气降水和展布其上的河流、湖泊、水库等地表水体的渗透补给，形成在剖面和平面上结构极其复杂的松散孔隙充水含水体。这些含水体通过煤层或基岩露头带长年累月向其下的煤层和煤层顶底板渗透补给，往往导致含水层的渗透性和采空区断裂带导水强度难以准确判断。因此，在采掘过程中，会发生矿井涌水量陡然增大的现象，情况严重时会发生溃水、溃砂，甚至淹井事故。

六、老窑积水透水水害

老窑积水是指年代久远且采掘范围不明的老窑积水、矿井周围缺乏准确测绘资料的乱掘小窑积水、矿井本身自掘的废巷老塘水和煤层采空区积水。水体的几何形状极不规则，矿井采掘工程与这种水体的空间关系错综复杂，并且由于历史往往缺乏甚至没有可靠的技术资料，水情难以分析判断。这种水体分布集中，水压传递迅速，采掘工作面一旦接近，往往在短时间内涌出大量的老窑水，来势凶猛，具有很大的破坏性，常常造成恶性事故。这种水体不但存在于地下水资源丰富的矿区，也可能存在于干旱贫水的煤矿区，是煤矿生产过程中普遍存在的一种水害。事实表明，即使只有几立方米的老窑积水，一旦溃出，也可能造成人员伤亡。

七、地表水透水水害

地表水的水源包括大气降水、地表水体（江河、湖泊、水库、坑塘等）、煤矿塌陷区水体等。水源通过井口、岩溶塌陷坑、煤层上覆岩溶裂隙、断层带及封闭不良钻孔充水或导水进入矿井。特别是在一些长期无水的干河沟或低洼聚水区，由于缺乏水文地质水害知识和防山洪水灌入矿井的意识，当突遇山洪暴发、洪水泛滥时，矿井井田范围内存在的早已隐没不留痕迹的古井筒、隐蔽的岩溶漏斗、浅部采空塌陷裂缝和封闭不良的钻孔，在洪水的侵蚀渗流作用下，这些区域突然发生陷落而成为导水通道，地面洪水大量倒灌井下，造成矿井透水水害事故。这种类型的水害具有很大的隐蔽性和突发性，往往大量水、泥、砂发生得突然，来不及防，使井下作业人员无法撤出，很容易造成重大损失。

八、滑坡和泥石流灾害

滑坡和泥石流灾害主要分布在山区的一些煤矿，造成的危害程度较大。它发生的前提是有层间软滑的黏土层、疏松破碎的断层带、黏土填充的节理裂隙等软弱结构面、煤矸石及尾矿堆等；有山洪暴发，地表、地下工程活动等诱导因素的触发。

第四节　煤矿水害发生的条件及主要影响因素

一、矿井充水水源

煤矿水害是指在煤矿建设与生产过程中，不同形式、不同水源的水通过一定的途径进入矿井，并给煤矿建设和生产带来不利影响和灾害的事件。煤矿水害的形成和发生是建立在特定的环境和条件之上的。在不同地质、水文地质、气候和地形条件下会形成不同类型的矿井水害充水模式，具有不同类型的矿井充水水源。矿井充水水源一般包括大气降水、地表水、地下水和老空区积水四大类型。不同的水源具有不同的特点和影响因素，会引发不同的矿井充水模式，产生危害不等的矿井水害。

（一）大气降水

大气降水是地下水的主要补给来源，严格来说，大气降水是一切矿坑充水的初始来源。它既可以作为矿井充水的直接水源，也可以成为矿井充水的间接水源。

1.大气降水作为矿井充水水源的类型

（1）直接充水水源：当大气降水为矿井的直接充水水源时，大气降水往往是矿井涌水的唯一水源。通常有以下五种情况：

①煤层埋藏较浅，煤层的上覆岩层中空隙较发育且有利于大气降水入渗。

②煤层埋藏较浅，地表与煤层之间存在断层、构造裂隙式导水通道。

③煤层埋藏较浅，在煤层附近存在喀斯特陷落柱或落水洞式导水通道，大气降水可通过塌陷洞进入矿井。

④地表形成采煤沉陷区，大气降水可以通过采煤形成的垮落断裂带及原来存在于煤层上覆地层中的裂隙、断层等导水通道直接进入矿井。

⑤露天开采条件下，大气降水一部分直接进入矿坑，一部分渗入地下通过露天边坡渗入矿坑。

（2）间接充水水源：大气降水通过孔隙、裂隙、溶隙或断层等各种途径，首先补给煤层的直接或间接充水含水层，转化为地下水，再通过这些含水层或与含水层有水力联系的各种导水通道进入矿井。对于这种情况，大气降水往往不是矿井涌水唯一和直接的水源。

2.影响矿井涌水量的因素

矿井涌水量是诸多影响因素的综合反映，对于以大气降水为主要充水水源的矿井，影响矿井涌水量的主要因素有气候条件、地貌条件和导水通道性质等。

（1）气候条件：影响矿井涌水量的气候条件主要包括大气降水的分布、强度、气温和蒸发量。通常，降水量、降水强度、降水的连续性、降水前包气带的含水量等因素的综合作用直接影响矿井涌水量的大小。

①降水强度与地下入渗速率相适应，延续时间较长的降水，最有利于对地下水的补给，相应的矿井涌水量也较大。

②降水强度过大的暴雨，由于降雨集中、延续时间短，雨水来不及入渗便形成地表径流而迅速流走，因此其对矿井的有效补给量相对较少，矿井涌水量也较小。

③时间上不连续、降水强度不大的小雨，大部分降水被消耗于气温的蒸发和对包气带的润湿，对地下水的补给及矿井涌水量几乎没有影响。

（2）地貌条件：影响矿井涌水量的地貌条件主要有地表汇水地形和入渗条件。

①地表汇水地形。根据地表汇水、滞水条件，地表汇水地形可分为三种：汇流地形、散流地形和滞流地形。汇流地形指一些面积较大的低洼谷地，它可以长时间汇集大量降水，最有利于对矿井水的入渗补给。散流地形指坡度大，地表切割深的山坡和山脊，它最不利于对矿坑水的入渗补给。滞

流地形指坡度小、地形起伏不大的平地或台地，它对矿坑水的入渗补给程度介于前两者之间。

②入渗条件。入渗条件与地表植被发育情况、表土层厚度和空隙率密切相关，地表植被发育、表土层厚且松散的地区，大气降水大量入渗表土，在原地的滞流时间长、地表径流量小，利于对矿坑水的补给。反之，不利于对矿坑水的补给。

（3）导水通道性质：大气降水充水的导水通道主要有裂隙、断层及塌陷洞，不同的导水通道会产生不同的矿井充水形式。裂隙型导水，往往形成淋水、渗水等充水形式，一般水量小，不具备突发性，不会造成淹井或人员伤亡，但影响煤矿生产的工作环境、劳动效率，增加矿井排水量。断层和塌陷洞型导水，往往在大雨过后，充水水量剧增，迅速造成矿井溃水、溃砂，突发性强，滞后时间短，可能造成淹没矿井，水平、采区或采煤工作面，甚至人员伤亡的事故。

实际生产过程中，以上各因素往往不是单独作用的，它们会以不同的组合产生不同的矿井充水形式，造成不同的矿井灾害。因此，在矿井防治水工作中，务必综合考虑各影响因素，作出符合实际的判断。

3.矿井涌水量的特点

大气降水充水型矿井，其涌水量受降水强度、年降水量的分布及区域气候的控制，表现出如下特点：

（1）矿井涌水量主要受大气降水强度的控制。通常情况下，大气降水强度与矿井涌水量成正比。矿井涌水过程与大气降水过程几乎同步，滞后时间较短。

（2）矿井涌水量动态与当地大气降水量动态成正相关变化，表现出明显的季节性变化和多年周期性变化的特点。

（3）矿井涌水量具有明显的区域差异。我国南方降水丰沛，矿井涌水量普遍较大；而降水量小的北方，其矿井涌水量也较小，西北地区则更小。

（二）地表水

当井田范围内及其附近存在较大地表水体，而这些水体的标高高于煤层开采标高，且与煤层或其含水围岩之间有水力联系时，地表水就有可能成为充水水源进入矿井。地表水充水水源有江河水、湖泊水、水库水、渠道水、池塘水和海洋水等。地表水体能否构成矿井充水水源，关键在于水体与矿井之间是否存在导水通道。常见的导水通道有天然导水通道和人工导水通道。当地表水成为矿井充水水源时，它对矿井的充水程度取决于地表水体的性质、地表水与地下水之间联系的密切程度、导水通道的过水能力、地表水体的补给能力等。

1.地表水体的特性

地表水体有常年连续性与间断性水体之分，当常年性地表水体作为矿井充水水源时，一般补给充沛、连续，涌水量往往也较大，并且还具有常年和多年连续稳定的特点。间断性水体的主要代表是季节性地表水体。季节性地表水矿井充水，由于受地表水体水位、水量、过水面积等季节性变化因素的影响，矿井涌水量具有显著的季节性变化特点。大气降水矿井充水主要受矿区附近的降水与汇水影响；而季节性地表水体矿井充水除受矿区附近大气降水影响外，还会汇集流域上海大范围的降水，从而增加大气降水对地表水体的影响强度，延长了影响时间，致使矿井涌水量的动态变化具有雨季变幅相对增强、雨后衰减过程相对延长的特点。渠道是间断性人工地表水体，其矿井充水特点表现为渠道过水、矿井涌水、渠道停水。

地表水体的规模越大，水体的水位越高，产生的充水水压也大，并且水面面积大，导水通道也有可能增多，致使矿井涌水量大而稳定，不易疏干。

2导水通道的过水能力

导水通道的过水能力主要受通道断面面积和所承受水压的影响，不同类型的导水通道，过水能力差别很大。在所承受的水压一定时，导水通道充水的突发性和危害性相对较小；而张性断层、喀斯特塌陷洞、防水隔水煤柱的击穿、小煤矿的导通，充水的突发性和危害性相对较大，往往造成短期内采面、采区或矿井被淹。当导水通道承受高水压时，充水的突发性和危害性往往也较大。

3.地表水体距矿床的距离

只有地表水体的标高高于煤层的开采标高才构成地表水矿井充水的基本条件，否则地表水不可能进入矿井。在这一基本条件存在的前提下，地表水体距矿体越近，矿井涌水量也越大。

因此，在矿井水文地质工作中，应对矿区的水文地质条件，地表水体的分布、规模、标高、动态特征，与矿体、围岩和导水通道的关系等进行详细的调查研究，将可能由地表水体造成的矿井突水灾害降到最低。

（三）地下水

地下水是指储存于地下岩层空隙中的水。根据岩层中储水空隙类型的不同，可分为松散层中的孔隙水、砂质岩层中的裂隙水和碳酸盐岩层中的溶隙水三种基本类型，并且相应地将这些储水岩层称为含水层。地下水作为矿井充水的水源，可分为直接充水水源、间接充水水源和自身充水水源三种基本形式。

1.直接充水水源

直接充水水源是指煤矿生产过程中，井巷揭露或穿过的含水层和煤层开采后垮落断裂带及底板突水等直接向矿井进水的含水层。常见的直接充水水源含水层有矿层的直接顶板含水层、直接底板含水层、露天开采剥离的上覆含水层或采掘工程直接穿越的含水层。直接充水水源含水层中的地下水，只要有采掘工程的揭露，就直接进入矿井，形成矿井涌水，而不需要导水通道的导入。

2.间接充水水源

间接充水水源是指含水层不与矿体直接接触而分布于矿体周围的充水水源。常见的间接充水含水层的基本类型有矿层的间接顶板含水层、间接底板含水层和间接侧帮含水层。间接充水含水层中的水必须由某种导水通道穿越隔水围岩，才能作为充水水源进入矿井，形成矿井涌水。

3.自身充水水源

自身充水水源是指矿体本身就是含水层，一旦开采，储存其中的地下水或其补给水源的水就直接进入矿井，形成矿井涌水。这种类型的矿井充水水源并不是普遍可以见到的，往往在一些特殊水文地质条件下才能形成，如水体直接超覆于矿体露头之上便可形成这种类型的充水水源。

（四）老空区积水

老空区积水是指矿体开采后，封存于废弃的采矿空间的水。按照积水的采矿空间不同，老空水可分为老窑积水、生产矿井采空区积水和废弃巷道积水。

我国矿产开发历史悠久，在许多矿区浅部，以及正在生产的矿井的周边或邻区，分布有许多关闭或废弃的小煤窑或矿井，这些矿井已停止排水，积存了大量的地下水。它们像一座座隐藏的"水库"一样分布于生产矿井的周围，当现在的生产矿井遇到或接近它们时，这类水体通过某种通道或诱发因素进入生产矿井，便形成了老空积水充水水源。老空积水属静储量，具有一定的静水压力，其充水突发性强、来势猛，持续时间短，有害气体含量高，对设备腐蚀性强，对人身伤害大。如果老空积水与地表水或地下水发生水力联系并接受补给，一旦发生突水，也可能持续较长时间，并且不易被疏干。对于一些开采历史较长的老矿区，老空区积水是不可轻视的充水水源。

二、矿井充水通道

连接充水水源与矿井之间的过水路径称为矿井充水的导水通道。它和矿井充水水源共同构成了矿井充水的两个基本因素。按照导水通道的成因，可将矿井充水通道划分为天然和人工通道两大类。

（一）天然充水通道

所谓天然充水通道，是由地质应力作用天然形成的，在采矿活动之前已经存在于地质体中的通道，如断层、裂隙、溶洞等。根据通道的形态特征将其划分为点状岩溶陷落柱、线状断裂带、窄条状煤系含水层隐伏露头、面状裂隙网络，以及地震裂隙等。

1.点状岩溶陷落柱型通道

岩溶陷落柱是指埋藏在煤系地层下部的巨厚可溶岩体，在地下水溶蚀作用下，形成巨大的岩溶空洞。在地质构造力和上部覆盖岩层的重力长期作用下，有些溶洞和覆盖在其上部的煤系地层发生坍塌，充填于溶蚀空间中，由于这种塌陷呈圆形或不规则的椭圆形柱状体，故称为岩溶陷落柱。

我国岩溶陷落柱多发育于北方石炭二叠系煤田，如开滦、峰峰、焦作、鹤壁、淮南、邢台、晋城、济宁、肥城、韩城、徐州、新汶等矿区，而南方矿区少见。岩溶陷落柱的导水形式呈现多样化，按其充水特征，可分为不导水陷落柱和导水陷落柱两种类型。岩溶区水文地质条件一般比较复杂，岩溶陷落柱发育分布的控制因素较为复杂，研究岩溶陷落柱的关键在于掌握岩溶发育规律、岩溶水的特性及地质构造发育情况。

2.线状构造断裂带型通道

按照构造断裂的发育规模可将其分为节理和断层两类：这些构造断裂一方面提供地下水的储存空间，成为矿井充水的水源；另一方面，提供地下水的运动空间，成为矿井充水的导水通道。

矿区含煤地层中存有数量不等的断裂构造，使得断裂附近岩石破碎、移位，破坏了地层的完整性，成为各种充水水源涌入矿井的通道。构造断裂带、接触带地段岩层破碎，裂隙、岩溶较发育，岩层透水性强，常成为地下水径流畅通带。当矿井井巷接近或触及该地带时，地下水就会涌入矿井，使矿井涌水量骤然增大，严重时可造成突水淹井事故。

构造断裂能否形成导水通道及其导水能力，与断裂的力学性质、两盘的岩性、两盘岩层的接触关系及水文地质特性有着密切关系。一般认为，张性断裂的透水性较强，压性断裂的透水性较弱，扭性断裂的透水性介于两者之间。断层的透水性与其两盘岩石的透水性相一致，当两盘为脆性可溶岩石时，次级断裂和喀斯特溶洞、溶隙发育，具有良好的透水性；当两盘为脆性不可溶岩石时，断层两侧往往张性牵引裂隙发育，具有较好的透水性；当两盘为塑性岩石时，断层面闭合，断层两侧裂隙不发育，断层带被透水性差的泥质成分充填，透水性较弱，甚至不透水。断层的透水性还与其两盘岩石的接触关系有关，含水层与含水层接触，断层就导水；含水层与隔水层接触，断层导水性差；含水层与矿层接触，含水层的水就可以直接补给矿层。

断层能否成为涌水通道、能否导水与断层形成时的力学性质、受力强度、断层两盘和构造的岩性特征，断层带充填物和胶结物的性质、胶结程度，以及后期破坏和人为作用等因素有关。由于断层的性质、产状、规模存在空间差异，断层的不同部位两盘岩层具有不同对接关系，所受的应力状态也不同，使得断层的水文地质性质具有明显的局部性和方向性。因此，在探测、分析和研究断层水文地质特性时，要整体与局部相结合，综合考虑各影响因素，作出整体和分区评价。切记不要轻率地将某条断层简单地看作透水断层或隔水断层、储水断层或不储水断层。

3.窄条状隐伏露头型通道

我国大部分煤矿煤系地层灰岩充水含水层、中厚砂岩裂隙充水含水层及巨厚层的碳酸盐充水含水层多呈窄条状的隐伏露头与上覆第四系松散沉积物地层呈不整合接触。多层充水含水层组在隐伏露头部位垂向水力交替补给的影响因素主要有两个：一是隐伏露头部位基岩风化带的渗透能力大小；二是上覆第四系底部卵石孔隙含水层组底部是否存在较厚层的黏性土隔水层。

4.面状裂隙网络型通道

根据含煤岩系和矿床水文地质沉积环境分析，华北型煤田的北部，煤系含水层组主要以厚层状砂岩裂隙充水含水层组为主，薄层灰岩沉积较少。在含水层组之间往往沉积了以粉细砂岩、细砂岩为主的脆性隔水层组，在地质历史的多期构造应力作用下，这些脆性的隔水岩层在外力作用下以破裂形式释放应力，致使隔水岩层产生了不同方向的较为密集的裂隙和节理，形成了较为发育的呈整体面状展布的裂隙网络。这种面状展布的裂隙网络随着上、下充水含水层组地下水水头差增大，以面状越流形式的垂向水交换量也将增加。

5.地震通道

长期观测资料表明，地震前区域含水层受张时，区域地下水水位下降，矿井涌水量减少。当地震发生时，区域含水层压缩，区域地下水水位瞬时上升数米，矿井涌水量瞬时增加数倍。强烈地震过后，区域含水层逐渐恢复正常状态，区域地下水水位逐渐下降，矿井涌水量也逐渐减少。震后区域含水层仍存在残余变形，矿井涌水在很长时间内不能恢复到正常状态。矿井涌水量变化幅度与地震强度成正比，与震源距离成反比。

（二）人工充水通道

所谓人工充水通道，是由资源勘探、开发工程引起的，包括采动裂隙、顶板垮落断裂带、底板破裂带、探放水工程、地面岩溶塌陷带、煤柱击穿及封孔质量不佳钻孔等。

1.顶板垮落断裂带

煤层被开采后形成采空区，在采空区上方岩层的重力和矿山应力作用下，岩层发生变形、移动、破坏，形成弯曲、断裂、离层和碎块状岩石垮落。受煤层顶板的岩性及其组合，采矿和顶板控制方法，煤层厚度、产状、开采厚度和深度，采空区空间形态与结构，以及岩石受力状态等诸多因素影响，顶板岩石产生不同的变形破坏特征。根据采空区上方的岩层变形和破坏情况的不同，可划分出三个不同性质的变形或破坏带，即垮落带、断裂带和弯曲带。

（1）垮落带是指自回采工作面放顶始至基本顶第一次垮落后直接顶板垮落破坏的范围。根据垮落带岩石破坏程度和岩块堆积特征，可进一步将垮落带自下而上分为不规则垮落带和规则垮落带。垮落带岩块间孔隙多且大，透水性和连通性俱佳，如果垮落带高度达到上部水体或上覆含水层，往往引起上部水体或顶板水的突入，当上覆含水层为第四系松散含水层时，不但会形成突水，还会引起溃砂和地面塌陷等严重地质、环境火害。

（2）断裂带是指规则垮落带以上大量出现的断裂、切层或离层的发育带。该带自下而上岩层破坏程度由强变弱，可分为三带：严重断裂带，岩层大部分断开，但仍保持原有层次，裂隙间连通性好，漏水严重；一般开裂带，岩层不断开或很少断开，裂隙间连通性较好，漏水；微小开裂带，岩层有微小裂隙，连通性不好，漏水微弱。当顶板岩层的岩性及其组合复杂多变时，上述各带发育会不均匀。断裂带一般具有较强的导水能力，但基本不漏砂。

（3）弯曲带是指断裂带以上岩体发生弹塑性变形或整体剪切而形成的整体弯曲下沉或沉降移动带。该带岩层整体弯曲下落，一般不产生裂隙，导水能力与采矿前比较基本没有多大变化。

在矿井防治水工作中，常把采煤工作面顶板划分成两带：垮落断裂带和弯曲带。垮落断裂带是把垮落带和断裂带合并而成，该带岩石破碎、断裂发育，导水能力强，故又称导水断裂带。当垮落断裂带达到上覆含水层或上部水体时，便沟通了采空区与上覆含水层或上部水体的水力联系，发生矿坑突水。

2.地面岩溶塌陷带

地面岩溶塌陷是指覆盖在溶蚀洞穴之上的松散土体，在外动力或人为因素作用下产生的突发性地面变形破坏，多形成圆锥形塌陷坑。它是地面变形破坏的主要类型，多发生于碳酸盐岩、钙质碎屑岩和盐岩等可溶性岩石分布地区。激发塌陷活动的直接诱因除降雨、洪水、干旱、地震等自然因素外，往往与抽水、排水、蓄水和其他工程活动等人为因素密切相关，而后者往往规模大、突发性强，因此危害性大。随着抽放水及其开采活动的展开，煤矿区及其周围地区的地面岩溶塌陷随处可见，地表水和大气降水通过塌陷坑直接透入井下，有时随着通道的存在极易引起第四系孔隙水、地表水大量下渗和倒灌，对矿井安全生产造成极大的威胁。地面塌陷在时间上具有突发性，空间上具有隐蔽性，研究矿区塌陷规律，对评价石灰岩含水层充水条件及对煤层生产的影响具有重要意义，对其预测预报已成为当前的前沿课题。近年来，应用CIS技术中的空间数据管理、分析处理和建模技术对潜在塌陷危险性进行预测，效果良好。

我国对岩溶塌陷的防治工作开始于20世纪60年代，已经形成了一套比较完整的评价和预测方法，目前国内主要采用经验公式法、多元统计分析法，也可根据岩溶类型、岩溶发育程度、覆盖层厚度和覆盖层结构，进行岩溶塌陷预测与判定。防治的关键是在掌握矿区和区域塌陷规律的前提下，采取以早期预测、预防为主，治理为辅、防治结合的办法。

塌陷前的预防措施主要包括：合理安排厂矿企业建设总体布局；河流改道引流，避开塌陷区；修筑特厚防洪堤；控制地下水位下降速度和防止突然涌水，以减少塌陷的发生；建造防渗帷幕，避免或减少预测塌陷区的地下水位下降，防止产生地面塌陷；建立地面塌陷监测网。塌陷后的治理措施主要包括塌洞回填、河流局部改道与河槽防渗、综合治理。

3.封孔质量不佳钻孔

由于矿区钻孔封孔质量不佳，这些钻孔可能转变为矿井突水的人为通道。当掘进巷道或采区工作面接触这些封孔不良钻孔时，煤层顶底板充水含水层地下水将沿着钻孔进入采掘工作面，造成矿井涌（突）水事故。

三、矿井充水强度

在煤矿生产中，把地下水涌入矿井内水量的多少称为矿井充水程度，用来反映矿井水文地质条件的复杂程度。通常利用矿井充水强度来分析确定充水含水层，区分强、弱充水含水层组。

（一）矿井充水强度的表示方法

通常用含水系数表示生产矿井的充水强度，用矿井涌水量表示基建矿井的充水强度。

1.含水系数

含水系数又称富水系数，是指生产矿井在某时期排出水量与同一时期内煤炭产量的比值。

根据含水系数的大小，将矿井充水程度划分为四个等级。

（1）充水性弱的矿井。

（2）充水性中等的矿井。

（3）充水性强的矿井。

（4）充水性极强的矿井。

2.矿井涌水量

矿井涌水量是指单位时间内流入矿井的水量，通常用 Q 表示，单位为 m³/d、m³/h、m³/t。根据涌水量的大小，可将矿井分为四个等级。

（1）涌水量小的矿井：Q=100m³/h；

（2）涌水量中等的矿井：Q=100～500m³/h；

（3）涌水量大的矿井：Q=500～1000m³/h；

（4）涌水量极大的矿井：Q＞1000m³/h。

（二）影响矿井充水量大小的因素

影响矿井充水量大小的因素包括充水岩层的出露条件和接受补给条件、矿井水文地质边界条件和地质构造条件等。

1.充水岩层的出露条件和接受补给条件

充水岩层的出露条件包括出露面积和出露的地形条件。出露条件即接受外界补给水量的范围，出露面积越大，则吸收降水和地表水的渗入量就越多，反之越少；出露的地形条件即出露的位置、地形的坡度及形态等，它关系到补给水源的类型和补给渗入条件。充水岩层接受补给的能力越强，出露程度越高，矿区范围内覆盖层的透水性越强，补给水源接触面积越大，矿井充水越强，涌水量越大。

2.矿井水文地质边界条件

矿井水文地质边界条件由侧向边界和顶底板条件组成，对矿井地下水的补给水量起着控制作用。

（1）侧向边界条件是指矿井内煤层或含水层与其周围的岩体、岩层、地表水体等接触的界面。按边界的过水能力可分为供水（透水）边界、隔水边界和弱透水边界等。矿井的周边大多由不同边界组合而成，它们的形状、范围、水量的出入直接控制矿井的涌水量。若矿井的直接充水含水层的四周均为透水边界，在开采条件下，区域地下水或地表水可通过边界大量流入矿井，供水边界分布范围越大，涌入的水量越多、越稳定。若矿井的周边由隔水边界组成，则区域地下水与矿井失去水力联系，开采时涌水量则较小，即使初期涌水量较大，也会很快变小，甚至干涸。

（2）煤层顶底板的隔水或透水条件：①煤层及其直接顶底板的隔水或透水条件。一般情况下包括以下三种组合方式：一是底板为稳定隔水层，煤层或直接充水含水层仅能从大气降水或地表水通过盖层或"天窗"补给，此时水量依赖于降水入渗量及地表水"天窗"补给量；二是顶板为隔水层、底板为弱透水层，矿井涌水量仅取决于下部含水层的越流量；三是顶底板均为隔水层，降水入渗量及侧向边界补给量等均会成为矿井涌水量。

②顶底板的隔水能力。当煤层上覆和下伏有强含水层或地表水体时，则顶底板的隔水能力是影响矿井充水的主要因素，并取决于隔水层的岩性、厚度、稳定性、完整性和抗张强度。

（3）构造的类型（褶皱或断裂）和规模，对矿井充水强度起着控制作用，褶皱构造往往构成承压水盆地或斜地储水构造，构造类型的不同，则充水含水层的分布面积、空间位置，以及补、径、排条件也有差别，从而矿井充水强度也不一样。大型储水构造往往构成一个独立的水文地质单元，不仅充水含水层厚度大，而且分布广，接受降水或其他水压的水量就多，反映其排泄量大，矿区总排水量也大，矿井突水量大，水文地质条件复杂；反之，则相对简单。

（三）矿井充水的关键性条件分析

通过对矿山调查资料的分析表明，矿床开采后矿井充水强度除取决于充水含水层组的富水性、导水性、厚度和分布面积外，还取决于以下三个重要因素：一是充水含水层组出露和接受补给水源的条件；二是充水含水层组侧向边界的导水与隔水条件；三是矿层顶底板岩层的隔水条件。

1.出露和接受补给水源的条件

矿井充水含水层组出露和接受补给水源的条件可划分为五种情况。

（1）矿区位于山前地带，煤系地层与煤系充水含水层大面积被第四系黏土、亚黏土层覆盖。

（2）矿区位于平原地区，煤系地层与煤系充水含水层大面积与第四系砂砾石含水层直接接触，矿床开采时由于第四系砂砾石含水层强烈充水，形成拟定水头强渗透边界，矿井涌水较大。

（3）煤矿床、煤系地层与煤系充水含水层位于湖底下。该类矿床开采实际就是水体下煤层开采。为了防止湖水溃入井下，矿床开采时湖底煤系地层需留设防水安全煤柱。此外，矿床开采过程中需要严格控制煤层顶板垮落带和导水断裂带的发育高度和保护煤柱。

（4）一般矿床，井田范围内无第四系松散覆盖沉积层和地表水体分布，煤系地层直接出露地表。

（5）矿床分布于季节性河流下部，季节性河流成为矿床开采的季节性充水水源。

2.侧向边界的导水与隔水条件

为了便于叙述，这里以直接充水矿床侧向边界导水、隔水条件为例，分析不同性质的水力边界对矿床充水强度的影响。

直接充水矿床是指矿井煤层直接顶底板均为充水含水层的矿床（体）。矿床充水强度的强弱与直接充水含水层本身的富水性、渗透性等有关，直接充水含水岩层的侧向边界导隔水性也是决定其矿床充水强度的一个重要因素，侧向水力边界的封闭程度是评价直接充水矿床充水强度的一个重要指标。矿床开采后，煤系直接充水含水岩层经长期疏降，其地下水静储量很快被疏干。充水含水岩层能否长期充水，则取决于其边界的水力性质。当周围为强补给边界时，则充水含水岩层很难被疏干，它将长期充水；但当侧向水力边界为弱透水或完全隔水边界时，矿床开采后充水含水岩层将被疏干，不会威胁矿井安全生产。

3.矿层顶底板岩层的隔水条件

（1）顶板岩段的防隔水性能主要取决于下列因素：

①煤层顶板岩段的厚度、岩性、岩性组合、岩性的垂向分布位置和稳定性。

②煤层顶板岩段断裂构造的分布情况。

③煤层顶板岩段的破碎、抗张强度等因素。

一般无断裂构造分布、顶板岩段完整、沉积厚度大于垮落断裂带发育高度的煤层顶板为防隔水性较强的安全顶板。

（2）隔水底板：我国北方的华北型石炭二叠纪煤田及铝土、黏土矿等均属奥（寒）灰岩溶水底板充水矿床；南方的龙潭煤系下组煤，属茅口灰岩岩溶水底板充水矿床。岩溶水底板充水矿井在开采矿床时，在高水头承压水压力及矿压等因素的联合作用下，易发生大型或特大型的底板岩溶突水灾害，给矿山安全开采带来极大困难。

矿床底板突水是一个非常复杂的非线性动力学突变问题，在相同水头压力和矿压的作用下，煤层底板防隔水性主要取决于隔水岩段的岩性、岩性组合、隔水岩段厚度、稳定性及断裂构造的发育情况等。

①煤层底板突水与煤层底板岩段的岩性和岩性组合的关系。华北石炭二叠纪煤田的煤层底板隔水岩段，一般情况下主要由四种岩性组成，即砂泥岩、泥岩、铝土岩、铁质岩（含铁砂岩及铁矿层）。就隔水性而言，泥岩＞铁质岩＞铝土岩＞砂岩；但就相对密度和抗张强度来看，铁质岩＞铝土岩＞砂岩＞泥岩。综合各因素，各岩性层的防隔水性能等级可划分为铁质岩＞铝土岩＞泥岩＞砂岩。

自然界中煤层底板岩段组成往往不是单一岩层，而是由集中不同岩层相互组合，呈互层状出现。由铁质岩、铝土岩和泥岩互层组合的煤层底板岩段，其隔水性能较好，防隔水能力较强；由铁质岩、铝土岩和砂岩组合的煤层底板岩段，虽然其抗张强度较高，但防隔水性能较差。由此可见，煤层底板岩段的防隔水性不仅取决于底板岩段的岩性，而且与煤层底板岩段的岩性组合有很大关系。

②煤层底板突水与煤层底板岩段沉积厚度的关系。华北型煤田各大矿区，山西组和太原组等上部煤层已大部分安全回采，但随着下组煤层回采和上组煤层开采深度的逐渐加大，各大矿区均发生了严重的底板突水淹井事故。例如，峰峰、平顶山、焦作等矿区在下三层煤开采过程中，均受到煤层

底板奥（寒）灰水的严重威胁，其原因就是下部煤层距离奥（寒）灰强岩溶充水含水层距离太近。由此可知，随着煤层底板隔水岩段厚度减小，煤层底板防隔水性能将逐渐减弱。

③煤层底板突水与煤层底板岩段断裂构造发育程度的关系。煤层底板是否发育有断裂构造，尤其是张性断裂，是直接影响煤层底板岩段的防隔水性能的主导因素。

第五节　矿井水文地质条件探测

一、概述

矿井水文地质条件探测是指在矿井生产过程中进行的水文地质条件探测。从探测的阶段性来说，它属于矿井水文地质条件补充探测的范畴；从探测的目的性来说，它属于矿井水害防治的范围，具有对矿井水害预测、预警的作用。

（一）矿井水文地质条件探测的类型划分

1.根据勘探阶段和范围划分

（1）矿区水文地质条件勘探主要发生在矿井建设和生产之前，为矿井规划和设计提供水文地质基础资料，勘探工程一般布置在地表且和资源、地质勘探工程结合起来开展。

（2）采区水文地质条件勘探一般发生在矿井建设和生产过程中，为采区布置、采区拓展和采区具体防治水措施制定提供相关资料。该类水文地质勘探一般是基于区域水文地质勘探资料成果而进行的局部性补充勘探，勘探工程一般结合矿井开拓和开采工程实行井上下联合勘探方式。

（3）工作面水文地质条件勘探是指在特定的工作面开拓或回采之前所进行的为工作面水害安全评价和制定防治水措施而进行的水文地质勘探工作，该类勘探工程一般立足于井下。

2.根据勘探目标与任务划分

（1）主要充水水源含水层勘探是指为了查明影响矿井主要煤层开采过程中充水水源而进行的专项水文地质勘探。主要任务是查明充水水源的位置、空间分布、富水性、补给条件及其与矿体之间的位置与接触关系，为矿井涌水量评价和实施疏降水开采的可行性论证提供基础资料。

（2）主要隔水层防突水能力勘探是指针对煤层与含水层之间存在的隔水层而进行的专项地质勘探工作。主要任务是查明隔水层的厚度、分布及其稳定性、阻抗水压的能力、构造破碎特征及其分布、岩石力学性质及其不同性质岩层的组构关系等，为充分利用隔水层、加固改造隔水层实施带压安全采煤提供基础资料。

（3）特殊隐伏导水构造的勘探是指针对沟通煤层与含水层之间的可以产生地下水流动的断层、陷落柱、断裂破碎带、封闭不良钻孔等隐伏导水构造而进行的专门勘探工作。主要任务是为设计防治突发性突水灾害预案提供基础资料。

（二）矿井水文地质探测的主要内容及要求

矿井水文地质探测的主要内容是查明矿井水文地质条件及其地下水与矿山建设和生产活动之间的关系，为不同目的在不同阶段所进行的矿井水文地质勘探的内容和要求有所不同。

1.区域水文地质勘探的主要内容

（1）查明和控制矿区区域水文地质条件，确定矿区所处的水文地质单位的位置，详细查明矿区发育的主要含水层及各个含水层地下水的补给、径流、排泄条件，区域地下水对矿区的补给关系，矿区地表水系及气象因素与地下水的相互关系及其相互影响。

（2）查明矿区含（隔）水层的岩性、停度、产状、分布范围、边界条件、埋藏条件、含水层的富水性，矿床与顶、底板含水层之间隔水层的厚度及稳定性。着重查明矿区主要充水含水层的富水性、渗透性、水位、水质、水温、动态变化及地下水流场的基本特征，特别是要查明矿床顶底板隔水层所承受的静水头压力，确定矿区水文地质边界位置及其水文地质性质。

（3）详细查明矿区及附近对矿井充水有较大影响的构造破碎带的位置、规模、性质、产状、充填与胶结程度、风化及溶蚀特征、富水性和导水性及其变化、沟通各含水层，以及地表水之间相互补给关系的程度，分析构造破碎带及其可能诱发的引起突水的地段，提出开采中对构造水防治方案的建议。

（4）详细查明对矿床开采有影响的地表水的汇水面积、分布范围、水位、流量、流速及其季节性动态变化规律，历史上出现的最高洪水位、洪峰流量及淹没范围。详细查明地表水对井巷可能的充水方式、地段和强度，并分析论证其对矿床开采的影响，提出开采过程中对地表水防治方案的建议。

（5）对于矿层与含（隔）水层多层相间的矿床，应详细查明开采矿层顶底板主要充水含水层的水文地质特征和隔水层的岩性、厚度、稳定性和隔水性，不同含水层之间的水力联系情况，断裂与裂隙发育程度、位置、导水性及沟通各含水层的情况，分析不同的采矿方式对隔水层可能造成的破坏情况。当深部有强含水层或采区地表有水体时，应查明主要充水的中间含水层从底部或地表获得补给的途径和部位。

（6）对已有多年开采历史的老矿区，应重点查明废弃矿井、周边地区小煤窑、已经采掘的老空区的分布位置、范围、埋藏深度、积水和塌陷情况，与地表及其他富含水的含水层之间的水力联系情况；大致圈定采空区，估算积水量，提出开采中对老空水防治的建议。

（7）对于深部开采的矿井，应详细查明主要充水含水层的富水性及导水断裂破碎带向深部的变化规律。对矿井采掘过程中可能出现的高地应力、高温热害、有毒气体等进行勘探和分析，初步查明地应力、地热场的成因、分布及其对矿床开采可能带来的危害。

2.采区或工作面水文地质勘探的主要内容

（1）查明采区或工作面范围内含水层的富水性、补给条件及其重点富含水区段的分布规律及其控制因素。

（2）查明采区或工作面范围内存在的小规模隐伏导水构造，如断层、裂隙发育带、喀斯特陷落柱等。当勘探区存在底板高压水含水层时，还应查明高压水在底板隔水层中的原始导升高度及其分布。当勘探区存在顶板第四系含水层时，应查明第四系底部存在的古冲沟、剥蚀冲刷带及其分布与展布规律。

（3）查明采区或工作面范围内顶底板隔水层厚度、岩性及其组合规律、稳定性、综合阻抗水压的能力及其所承受的实际水压力。

3.对不同类型充水水源矿床水文地质探测应查明的问题

（1）孔隙充水矿床应着重查明含水层的类型、分布、岩性、厚度、结构、粒度、磨圆度、分选性、胶结程度、富水性、渗透性及其变化；查明流砂层的空间分布和特征，含（隔）水层的组合关系，各含水层之间、含水层与弱透水层及与地表水之间的水力联系；评价流砂层的疏干条件及降水和地表水对矿床开采的影响，评价矿井开采疏水后对地表环境、水源地等工程与环境条件的影响。

（2）裂隙充水矿床应着重查明裂隙含水层的裂隙性质、成因、规律、发育程度、分布规律、填充情况及其富水性；岩石风化带的深度和风化程度；构造破碎带的性质、形态、规模，与其他含水层及地表水的水力联系；裂隙含水层与其相对隔水层的组合特征。

（3）喀斯特充水矿床应着重查明喀斯特发育与岩性、构造等因素的关系，喀斯特在空间的分布规律、喀斯特空隙的充填程度和充填物胶结情况、喀斯特发育随深度的变化规律、有无陷落柱存在及其导含水性，喀斯特含水层中是否存在多层水位及其间夹有相对隔水层等，地下水主要径流带及其分布规律。

对以溶隙、溶洞为主的喀斯特充水矿床，应查明上覆松散层的岩性、结构、厚度或上覆岩石风化层的厚度、风化程度及其物理力学性质，分析在疏干排水条件下产生突水、地面塌陷的可能性，塌陷的程度与分布范围及对矿井充水的影响。对层状发育的喀斯特充水矿床，还应查明不同含水层之间相对隔水层和弱含水层的分布。

对以暗河管道为主的喀斯特充水矿床，应着重查明喀斯特洼地、漏斗、落水洞等的位置及其与暗河之间的联系，暗河发育与岩性、构造等因素的关系，暗河的补给来源、补给范围、补给量、补给方式及其与地表水的转化关系，暗河入口处的高程、流量及其变化，暗河水系与矿体之间的相互关系及其对矿床开采的影响。

4.不同类型充水方式的矿床应查明的问题

（1）含水层直接充水类型的矿床应着重查明直接充水含水层的富水性、渗透性，地下水的补给来源、补给边界、补给途径和地段，直接充水含水层与其他含水层、地表水、导水断裂的关系。当直接充水含水层裸露时，还应查明地表汇水面积及大气降水的入渗补给强度。

（2）含水层为顶板间接充水类型的矿床应着重查明直接顶板隔水层或弱透水层的分布、岩性、厚度及其稳定性、岩石的物理力学性质、裂隙发育情况、受断裂构造破坏程度，研究和分析计算在不同的采高和采矿方式下煤层顶板导水断裂带发育高度和发育过程，分析计算导水断裂带与顶板间接充水含水层之间的连通关系和矿井通过顶板导水断裂带充水的水量。查明顶板隔水层中存在的导水断层、裂隙带及其空间分布等条件，分析主要充水含水层地下水通过构造进入矿井的地段及其可能的充水水量。

（3）含水层为底板间接充水类型的矿床应着重查明承压含水层地下水的径流场特征，主要富水区段及其空间分布，主采煤层与含水层之间隔水岩层的岩性、厚度、组构关系及其变化规律，岩石的物理力学性质，岩层阻抗底板高压水侵入的能力，以及断裂裂隙构造对底板岩层完整性的破坏程度；分析论证煤层开采后对底板隔水层会造成的破坏和扰动及其可能诱发的突水条件，分析论证可能产生底鼓、突水的可能性及其分布地段。

二、矿井水文地质条件的探测方法

我国在水文地质条件探测方面积累了一定的经验，形成了一些较为成熟的探测技术方法，如直流电法、电磁法及三维地震法等。

（一）矿区区域水文地质条件的探测方法

矿区水文地质条件探测一般在矿井规划和设计阶段进行，此时对矿井水文地质条件的整体认识尚不全面和深入，在井下布置勘探工程的条件还不具备。根据该阶段勘探的内容和要求，目前常用的，且已被证明的有效方法如下：

（1）区域自然地理、地质与水文地质条件写实分析方法。

（2）化学勘探技术主要是通过分析研究地下水的化学组成及其赋存和运移空间的地球化学环境信息而达到认识地下水补给、径流、排泄条件的目的。在矿区区域水文地质条件探测阶段最常用的化探方法如下：

①多元连通（示踪）试验技术与方法。

②氧化还原电位技术与方法。

③环境同位素技术与方法。

④水化学宏量及微量组分分析技术与方法。

⑤溶解氧分析技术与方法。

⑥水文地球化学模拟技术与方法。

（3）地球物理勘探技术通过对矿区不同岩土体组分的物性差异、电性差异、磁性差异及传波性差异等的勘探和研究，进而达到研究和认识矿区地质结构、水文地质结构、主要构造的分布与特征、地层的富水性与导水性的目的。在矿区区域水文地质条件勘探阶段最常用的地球物理勘探方法如下：

①微流速测定技术与方法。

②矿井直流电法技术与方法。

③频率测深技术与方法。

④瑞利波地震勘探技术与方法。

⑤瞬变电磁技术与方法。

⑥槽波地震勘探技术与方法。

⑦高分辨率地震勘探技术与方法。

⑧探地雷达技术与方法。

（4）专门水文地质试验通过人为地激励和扰动地下水系统，并观测地下水系统在不同激励和扰动条件下的响应和变化，进而达到分析和研究含水层的富水性、导水性、补给条件、不同含水层之间的水力联系、地质构造的导水性和隔水性等水文地质信息。在矿区区域水文地质条件勘探阶段，常用的专门水文地质试验技术方法如下：

①单孔或群孔抽水试验技术与方法。

②大口径钻孔集中强力抽水试验技术与方法。

③地下水位动态观测技术与方法。

④钻孔压水试验技术与方法。

⑤钻杆试验技术与方法。

⑥脉冲干扰技术与方法。

（5）水文地质条件定量模拟、计算和分析技术方法。水文地质条件定量模拟、计算和分析，是对各种探测手段所获得的地质、水文地质信息进行集成、处理和研究的过程。通过该阶段的研究，可达到对矿区水文地质条件的定量认识，进而为矿井设计和开发提供最终依据。常用的矿井水文地质条件定量模拟、计算和分析技术方法如下：

①地质统计与规律趋势分析技术与方法。

②相似条件比拟技术与方法。

③物理模拟技术与方法。

④计算机数值模拟技术与方法。

⑤地下水动力学解析计算分析技术与方法。

⑥电网络模拟技术与方法。

⑦人工智能与专家系统诊断技术与方法。

在运用上述方法对一个区域进行矿井水文地质条件勘探时，经常会根据具体条件和勘探要求选择几种经济上合理、技术上先进、操作上方便的方法并使之有机地结合，以达到实现勘探工程的目的与任务。

（二）矿井采区水文地质条件的探测方法

矿井采区水文地质条件探测是矿井在建设或生产过程中所进行的水文地质勘探活动，是矿区区域水文地质勘探的继续与深入。矿井采区水文地质勘探的基本任务是为矿井建设、采掘、开拓的延深，矿井改扩建，特殊目的、重点区段提供所需的水文地质资料，或为矿井开采某个特殊区段制定有针对性的防治水技术措施提供水文地质依据的勘探。它既可以验证和深化矿井区域水文地质勘探对井田（矿井）水文地质条件的认识，又可以根据矿井建设生产过程中遇到的特殊水文地质问题，充分利用矿井井下工程的有利条件，进行有针对性的矿井水文地质勘探，为矿井建设、生产、水平延伸和特殊区段防治水工作提供重要水文地质依据。常用的矿井采区水文地质条件勘探技术包括如下四个方面：

1.井巷地质、水文地质条件分析

井巷地质、水文地质条件分析是通过对井下已经揭露的地质与水文地质现象进行观察、测量、统计、计算等的分析研究，达到认识和了解矿井水文地质条件的目的。常用的井巷地质、水文地质条件分析方法如下：

（1）井巷地质现象与水文地质现象素描。

（2）井巷地质现象与水文地质现象地质摄影。

（3）矿井构造与裂隙测量、地质统计与地质作图。

（4）井下突水点水量、水压、水温、水化学组成及其动态变化规律的观测与分析。

（5）矿压及其他动力地质现象的观测与分析。

2.井巷化探方法

井巷化探方法是通过对矿井已经揭露的井下出水点水的化学组成、化学性质的基本特点及其随时间变化规律的分析研究，达到认识突水点水的来源、含水层的补给条件、主要含水层之间的水力联系条件和主要导水通道的位置，为预测矿井涌水量的变化趋势和选择合理的矿井水害治理技术提供重要依据。矿井采区或井下水文地质条件勘探中常用的井巷化探方法如下：

（1）矿井水特征水化学指标监测技术方法。

（2）矿井水水化学快速检测技术与方法。

（3）井下突水水源多元连通（示踪）试验技术与方法。

（4）氧化还原电位技术与方法。

（5）环境同位素技术与方法。

（6）水化学宏量及微量组分分析技术与方法。

（7）溶解氧分析技术与方法。

（8）水文地球化学模拟技术与方法。

3.矿井地球物理勘探方法

矿井地球物理勘探技术主要是在井下进行不同岩土体组分的物性差异、电性差异、磁性差异、传波性差异等的勘探和研究，达到研究和认识矿区地质结构、水文地质结构、主要构造的分布与特征、地层的富水性与导水性的目的。矿井采区水文地质条件勘探中常用的地球物理劫探方法如下：

（1）钻孔与明渠微流速测定技术与方法。

（2）工作面顶底板音频电透视技术与方法。

（3）井下直流电法探测技术与方法。

（4）井下钻孔照相与窥视技术与方法。

（5）瞬变电磁探测技术与方法。

（6）瑞利波超前探测技术与方法。

（7）工作面坑透技术与方法。

（8）槽波地震勘探技术与方法。

（9）雷达超前探测技术与方法。

4.井上下专门水文地质试验技术与方法

井上下专门水文地质试验是利用井下揭露的地质与水文地质环境，通过在井下施工的专门工程人为地激发和扰动地下水系统，并利用井上下水文地质观测系统监测地下水系统在不同激发和扰动条件下的响应和变化，有时候可直接利用井下出水点作为激发和扰动条件进行专门水文地质观测和分析，进而达到分析和研究含水层的富水性、导水性、补给条件、不同含水层之间的水力联系、地质构造的导水性和隔水性等水文地质信息。采区水文地质条件勘探中常用的专门水文地质试验技术与方法如下：

（1）井下单个钻孔或群孔抽水试验技术与方法。

（2）井下单个钻孔或群孔防水试验技术与方法。

（3）主要充水含水层预疏水降压可行性试验技术与方法。

（4）地下水动态和水压动态监测技术与方法。

（5）钻孔压水试验和压浆试验技术与方法。

（6）井下钻孔原位应力与采动应力测试技术与方法。

（7）工作面顶底板破坏规律与地下水侵入突出规律监测试验技术与方法。

（三）特殊水文地质"异常体"的探测方法

特殊水文地质"异常体"通常是指隐蔽性强、局部性强、生成与分布的随机性强、难以通过变化趋势与规律预测法预知的导水通道。常见的矿井水文地质"异常体"有断层、密集裂隙及陷落柱等构成的垂向导水通道。常用的探查方法如下：

（1）遥感技术与信息处理技术。

（2）高分辨率三维地震勘探技术。

（3）构造应力场模拟分析技术。

（4）构造变形与应变场模拟分析技术。

（5）地面电法勘探技术。

（6）岩相古地理分析技术。

（7）含水层水力条件与流网形态分析技术。

（8）隔水层阻水能力分析技术。

（9）地下水流场激发形态变化分析技术。

（10）地下水水化学场、温度场模拟分析技术。

（11）离子示踪试验技术。

（12）综合相关分析技术与方法。

上述方法构成导水水文地质"异常体"探测的井上、下立体探测技术。探测一般分三部分进行，即大异常区探测、缩小异常区探测、异常体具体存在位置及形态探测。

（四）常用矿井水文地质条件探测技术方法

1.三维地震勘探技术

三维地震勘探技术的探测原理是在层状沉积地质体中，通过测量相对低速的煤层对弹性波的强反射，并跟踪强反射平面的分布，识别煤层的赋存状态与分布规律；通过对煤层赋存规律的不连续性分析，识别地质体的不连续性和形成地质不连续性的构造原因。三维地震勘探技术主要是基于地层的弹性差异对不连续地质体进行采矿关注的地质构造参数揭示，它是目前从地面对地下地质构造进行高分辨率探测的最有效的物理勘探技术方法，主要提供煤系地层的弹性参数，是矿井采区地质构造探测的有效手段。

三维地震勘探技术主要有野外地震数据资料采集、室内地震数据处理和室内地震资料解释三个步骤。三个步骤既相互独立，又相互影响。

2.电磁法类探测技术

地质体（岩层、断层等）的含水性对其相对电阻率有显著的影响。含水地质体具有相对电阻率较低，且含水程度较高的地质体与围岩电阻率的差异较大；不含水或弱含水地质体具有相对电阻率较高且电阻率的变化幅度较小的特点。电磁法探测技术就是利用地质体的这种物性差异，通过仪器测量地质体中的电性分布与变化，以达到查明含水地质体的空间位置、含水程度及导水条件的目的。电磁法类探测技术主要有：

（1）瞬变电磁探测技术是一种时间域的人工源地球物理电磁感应探测方法，是基于地下低电性地质体对高频电磁场有二次散射的物理现象，当地面发射的电磁波场瞬间消失时，测量不同深度低阻体的二次场发射信号，通过对接收到的二次场信号进行时间分析，认识低阻体的地下空间位置。该技术方法对孤立低电性地质体的垂向分辨能力较强，适用于埋深较大且间距较近的多个不同含水层间导水通道的探查。

瞬变电磁探测技术的工作原理：人工场源发射的强大的脉冲源（瞬间发射、瞬间中断）所感生的随时间变化的二次场为脉冲源所感生的涡流场在地下扩散过程中地电介质的电磁散射场，通过对不同深度地电信息（二次场信号）进行提取和时间分析，从而达到探测地下低阻体空间位置的目的。

（2）磁偶源探测技术是一种磁偶极子发射、磁偶极子接收的频率探测方法。该方法基于不同频率电磁波穿透地层的深度不同，不同频率电磁波对不同性质地层的穿透能力不同的规律，探测低电性含水地层的埋藏深度和分布形态。由于采用磁偶源接收-发射方式，该技术较适应于在沙丘、戈壁、风化基岩、干旱黄土等地表高阻条件，对埋深小于300m地层的分层定厚探测。

（3）直流电阻率探测技术是基于电极间距增加，稳定扩散电场范围扩大的物理基础，通过极距变化测量不同深度、不同电性地质体的分布。该方法对中浅埋深地层中含水体的探测精度较高，在植被发育地区和地形变化较大地区使用该技术也有明显优势。高密度直流电法是一种高效、高稳定性的直流电阻率探测技术方法，它通过一次测量多个电测点和自动变换发射电极的方法，实现在相同接地和发射条件下高精度地分辨地质体的电性差异，从而保证有较高的解释精度。高密度直流电法和高分辨自动电阻率法在探查小于200m地层的导水性和小于100m的地下洞穴、采空区效果较好。如果辅以瑞利波探测技术，可使地下洞穴及采空区的水平与垂直定位更加准确。

电磁法技术探测方法较多，其探测精度、适应性、作业成本等差异较大。在实际应用和技术方法的选择上，需要根据具体的地质条件和探查工作的地质任务进行专门的基础研究和选择。为达到更高的探测精度，往往需要多种方法同时使用和交叉解释。

3.地震与电磁法结合的综合勘探技术

三维地震等弹性探测技术方法对煤系地层和采空区等地质条件探测效果较好，而瞬变电磁等电磁探测技术方法对煤层上下地层及构造的导含水性条件的探测效果较好。采用两种技术的综合探测，并进行综合解释，对于解决勘探区的构造地质和水文地质问题，掌握开采基本地质条件和水文地质条件具有得天独厚的效果。

4.音频电穿透技术

音频电穿透探测技术是20世纪90年代在国内煤矿防治水探测技术方面发展应用并在近几年取得长足发展的矿井水文地质条件物探新技术。该技术在探测采煤工作面内部小构造、顶底板岩层富水性方面显出一定优势。

音频电穿透技术探测的基本工作原理，是在采煤工作面的一条巷道进行发射作业，在另一条巷道进行扇形扫描接收作业，从而完成对工作面内部及其顶底板岩层的扫描成像，以探测其内部地质结构及含水体和导水体。发射点（供电点）的间距A4一般为50m左右，接收巷道每10m一个测量点（接收点）。对应每个发射点，应在另一条巷道的扇形区对称区间23个点进行观测，以确保工作面内部各地质单元被覆盖两次以上。对探测过程中发现的异常区段，要适当调整发射点位和接收范围，进行加密控制。

5.地面直流电法探测技术

地面直流电法利用地下不同地质体电阻率不同，在地面观测时有正、负两个供电电极向地下输入电流，地下的电流场受到具有不同电阻率的地质体影响而有不同的分布规律，在地表的两个观测电极，观测地面上电位的分布，推知地下电阻率的分布，进而推测地下地质情况。

地下分散分布的电流主要集中在供电电极附近，远处的电流密度根小。不断加大供电电极距，电流在地下分布的范围和深度也随之加大，从而可以探测更大范围内和更深处地质体的情况。地面直流电法通过探测地下地质体的电性差异，计算得到视电阻率的分布变化规律，达到查明地下矿体、地质构造、含水层、导水体（通道）的目的。

6.井下直流电法探测技术

井下直流电法探测技术是以地质体的电性差异为基础，应用全空间电场理论，探测、处理和解释深度方向地质体的电性变化特征，从而获得矿井地质和水文地质信息的技术。井下直流电法探测一般在矿井巷道中作业，它有两个相对固定的测量电极和一个可以移动的供电电极，在同一观测点（某一个固定的测量电极），逐次移动供电电极，增大供电电极距，使电流穿透的深度由小到大，从而观测到该观测点处沿深度方向由浅到深地质体的电性变化特征和规律。然后移动电极系统到下一个观测点进行探测，直至完成全部现场探测。通过观测由仪器供电系统在巷道周围岩层中建立的全空间稳定电场的分布与变化，对探测资料进行处理、解释，以达到矿井下探测水文地质问题的目的。

井下直流电法探测技术可以用来进行含水地质体的探测。现场探测资料经过处理，可以作出电测深剖面图，图的横坐标为测点位置，纵坐标代表视测深，其中等值线为视电阻率等值线。也可以在不同深度作水平切片图。利用这些图件，根据不同地质体的电性差异特征，可解释有关地质和水文地质问题。对煤矿区而言，一般含水层和导水构造为低阻值区，并且阻值越低，赋水性相对要好；煤层和不是含水层的其他地层为相对高阻值区。

第六节　矿井水害预测

一、概述

矿井水害预测是指基于已经掌握的信息、资料、经验和规律，运用现代科学技术手段和方法，对矿井未来发生突（涌）水的空间位置、强度（涌水量）及其动态变化、灾害程度等进行的估计和推断。

根据矿井水害发生的位置与所采煤层的空间关系，矿井水害预测可分为顶板水害预测与底板水害预测两大类。在我国，煤层底板石灰岩高承压岩溶含水层突水造成的灾害损失最严重，底板水害预测备受关注。根据预测水害可能发生的范围，矿井水害预测又可分为区域预测与点预测：前者对于水害的防治是宏观的，具有战略意义；后者可能是人们渴望得到的，但也是最困难的。

（一）预测原理

现代科学预测是既有理论指导又有科学方法的一种认知世界的工具，是一门新的应用学科。其基本原理是：

（1）整体性原理。事物是由若干相互关联的元素组成的有机整体，其发展变化过程也是一个有机整体。因此，以整体性为特征的系统思想是预测的基本思想。

（2）可知性原理。由于事物发展过程的统一性，我们不但可以认识预测对象的过去和现在，而且也完全可以通过对过去到现在的发展规律的认识，推测预测对象将来的发展变化趋势和可能状态。

（3）可能性原理。预测对象的未来发展状态有各种各样的可能性，而预测只是对各种可能性的一种估计。如果认为预测是必然结果，则失去了预测的意义。

（4）相似性原理。把预测对象与已知的类似事物的发展进行类比，可以对预测对象的未来发展状态进行描述，即预测。

（5）反馈性原理。应用反馈性原理，不断地修正预测意见，才能够更好地指导工作，为决策提供科学的依据。

（二）矿井水害预测的目的与意义

预测的目的就是为煤矿生产和安全决策系统提供进行科学决策所必需的未来信息，并且采取一切技术手段提高这些未来信息的可靠性和准确性。我国是世界第一产煤大国，煤炭是我国的第一能源，是国民经济的支柱之一。随着20世纪五六十年代大批量建设的矿井相继进入深部开采阶段，矿压、水压增高，煤矿水害问题日趋突出，准确预测矿井水害对指导煤矿安全生产具有越来越重要的现实意义。

长期以来，我国煤矿水文地质工作者进行了大量研究工作，取得了举世瞩目的研究成果。但是，我国煤田分布广，成煤时期多，煤层赋存状态差异大，煤矿水文地质条件复杂，类型各异，没有任何一种预测技术可以达到百分之百的预测准确率，可以包打天下。因此，作为煤矿水害防治关键技术的矿井水害预测，仍然是煤矿生产与科研的一大难题。

（三）矿井水害预测方法分类

由于预测在决策中的地位和作用，科学预测的理论和方法得到迅速发展，并使预测科学和预测研究成为当代受到普遍重视的学科之一。根据预测方法的特点和属性，可将常用的矿井水害预测方法分为定性预测法、定量预测法和综合预测法三大类。

（1）定性预测方法。这是一类依靠预测人员的知识结构、工作经验等产生的主观判断能力，预测事物的未来状况而进行直观判断的方法。常用的有经验预测法、水文地质规律预测法、专家会议法、头脑风暴法、德尔斐法、主观概率法、相关树分析法、安全评价法等均属定性预测方法。这类方法不仅在预测中，特别在决策中，占有十分重要的地位。当水文地质资料不充足时，常常采用这些方法。但是，预测结论往往具有宏观特点，出错误的概率也比较高。

（2）定量预测方法。此类预测方法是指根据"同态性原理"建立起预测事件的同态模型，并将这些模型进一步数学化，建立起相应的数学模型，然后确定预测事件的边界和约束条件，进而求解数学模型，确定预测事件未来状态与现时状态之间的数量关系，推断预测事件未来状态。常用的有突水系数法、解析模型法、数值模拟法、回归预测模型、趋势外推法、克里格法、模糊预测模型、多元信息复合技术法等。

（3）综合预测方法。综合预测法是定量方法与定性方法的综合，即在定性方法中也要辅之以必要的数值计算；在定量方法中，因素的取舍、模型的选择、预测结果的确定等，也都必须以人的主观判断为前提。由于任何预测方法都有它的适用范围和优、缺点，综合预测法兼有多种方法的长处，并补充或弥补各自的不足，因而可以得到较为可靠的预测结果。

（四）矿井水害预测的工作程序

矿井水害预测的工作程序可分为四个阶段，共十二个步骤。

1.准备阶段

（1）确定预测目标与任务

按照矿井防治水工作的需要，明确预测对象，确定预测目的与任务。确定预测任务关系到预测工作的整个进程，要求做到目标明确、任务具体。

（2）制订预测计划

依据矿井水害预测目的、任务、预测技术现状，以及预测对象具备的环境条件，制定较为详细的工作安排。

2.收集与分析信息阶段

（1）预测结果的精度在很大程度上取决于参加预测信息的完整性与准确性。在确定预测的目的与任务后，必须有针对性地全面、系统地收集有关的数据与资料，如含水层的厚度、水文地质参数值、水压、水量、水温、水质、地质构造、以往突水点资料、隔水层厚度、水文地质图件及顶底板岩层的物理力学性能等，并且要求资料和数据尽量涵盖相关所有领域，具有完备性，来源必须明确、可靠，结论必须正确、可信。

（2）完整准确的基础资料是进行科学预测的必要前提。这就要求：一方面，要尽可能广泛地收集资料，以保证信息的完整性；另一方面，要对资料进行检查、整理、加工、分析和选择，剔除错误和奇异数据的干扰，以保证资料的准确性。

3.预测分析阶段

（1）根据预测对象、目的和任务，研究区域水文地质条件、矿井水害的特点，采掘工程对水害发生的影响因素，资料的占有情况，预测要求的精度，预测需要的人力、时间和费用等，正确选择预测方法。

（2）研究预测对象的水文地质条件等，舍弃对预测目标影响不大的枝节问题，抓住主要矛盾，简化、抽象并确立反映预测对象主要特征的同态模型。常用的同态模型有物理模型、数学模型、模拟模型、相似模型和概念模型。同态模型与预测问题的符合程度将直接影响预测结果的准确性。

（3）预测对象的边界和环境条件主要包括各种水文地质边界、反映预测目标的约束条件和最优化准则（或价值准则）等。

（4）建立预测模型：根据边界、环境条件和预测对象的内、外部信息，利用选定的预测方法把概念模型变换为预测的数学模型。预测模型要能够较准确地反映预测对象内部因素与外部因素的相互制约关系。所建立的预测模型正确与否是预测结果准确与否的关键。

（5）进行预测计算：无论是定性还是定量预测，均需给出预测结果。对于定量预测方法，应将收集到的信息、数据、资料代入所建立的预测数学模型。借助于现代计算机技术，进行计算，求出初步预测结果。

（6）预测得到的初步结果往往不可能十分精确，还需要应用可靠性分析和专业知识，对预测结果进行分析、检验，以评价其准确度。如果预测结果误差太大，则需要进一步分析、查找产生误差的原因，决定是否对方法、模型、参数进行修改，重新计算，或对预测结果进行必要的调整。因此，整个预测分析工作是一个动态的反馈过程，有时甚至是多重的，直到预测结果满意为止。

4.输至决策系统

（1）输出预测结果：当预测结果达到预测目的，满足精确度要求后，即可将预测结果输出。

（2）提至决策系统：预测结果是为决策者（或决策系统）提供决策依据的，预测的最终结果要输送给决策者（或决策系统），以便决策并制定矿井防治水的对策和方案。

二、定性预测技术

（一）经验法

经验法是根据长期实践中总结出的煤层或岩层突（涌）水之前出现的一些征兆，预测水害的发生。例如，煤层发潮、"挂汗"，煤层温度变冷、工作面发凉，煤层里有"吱吱"的水声，水的气味和颜色发生变化，岩石裂缝中有淤泥冲出等是煤层或岩层突（涌）水之前经常出现的一些征兆，据此可预报将可能发生突（涌）水，并采取相应的预防及治理措施。

（二）水文地质规律预测法

一般是指通过对矿井充水条件和涌、突水机理的研究，对矿井涌、突水地段和强度进行预测。矿井充水水源、充水通道和充水强度三者的不同组合会产生不同的矿井水害。在根据矿区水文地质规律预测矿井水害时，要抓住三者的相互关系这一主线开展工作，同时进行必要的井下观测、统计、计算、作图，还必须充分发挥专业技术人员的技术专长和经验。工作程序如下：

（1）查清矿井充水水源的类型，含水层的类型、空隙发育和分布情况，充水水源的水量、水压及其动态变化规律，水源补给强度及其动态变化，充水水源与采掘工程的空间位置关系，断层两侧主要含水层、隔水层的接触关系等。目的在于确定何种类型的、处于什么位置的、多大水量的充水水源，可能将要充入矿井的什么部位，造成什么样的危害。

（2）查明天然导水通道的类型、发育、分布、规模，以及与充水水源、采掘工程的空间位置关系，导水能力；采动破坏的范围及与充水水源、天然导水通道的空间位置关系。目的在于确定天然或人工导水通道与充水水源是否发生水力联系，如何联系，以及是否可能引发矿井水害和危害的程度。

（3）对以往涌、突水点的资料进行整理、分析、研究，找出矿井充水水源、充水通道和充水强度三者的组合规律，进而上升成为对矿区突水机理的认识，以指导矿井水害预测与防治。

（4）坚持"有疑必探"的原则，对前述分析研究中存在的疑问，进行必要的探测。根据需要，既可以进行物理探测，也可以进行钻探探测。进而综合各方面的探测和研究成果，对矿井水害进行初步预测。

（5）坚持"反馈性原理"。把初步预测意见，通报采掘、安全等专业技术人员、领导和技术工人，征求他们的质疑和意见；对于区域预测意见，必须放到生产实践中，经受检验。认真分析各方面的反馈意见，必要时，补充研究工作，对矿井涌、突水地段和强度作出可靠的预测结论，并提出防治对策。

（6）将矿井水害预测的结果和防治对策提交领导决策。

（三）专家会议预测法

选择一定数量的矿井水害防治领域及相关领域的专家，通过会议的方式，集思广益、互相启发，引发思维共振，对预测对象的发展趋势和未来状态作出判断。

（四）德尔斐法

德尔斐法是美国兰德公司研究人员赫尔马和达尔奇于20世纪40年代开发的一种预测方法，逐渐得到广泛应用，现在其应用领域无所不包。该方法需要成立一个预测领导小组，并选择一批专家，专家人数视预测对象的规模和重要程度而定，一般以20~50人为宜。在预测的整个过程中，专家以无记名方式参加，通过数轮函询，征求专家意见。

首先，预测领导小组根据预测对象、要求和目的，以及具有的信息、资料水平，设计出预测调查表。该表要明确预测对象、任务，要求专家对预测对象作出说明，对预测主题提出论证，给出明确的预测意见。该表是预测的重要工具、信息的主要来源，其质量对预测结果的影响很大。因此，要由专业人士认真设计，特别是不能带有偏见，切忌误导专家。领导小组将设计好的调查表和相关的信息、资料函寄给各位专家，由专家独立研究，得出预测意见，认真填写调查表，并函寄回预测领导小组。

预测领导小组对每一轮的专家意见进行统计、汇总，作为参考资料再发给专家，供专家分析、判断，进一步提出新的论证，并不断修正自己的预测意见。如此反复数轮，专家的意见渐趋一致，并产生较为可靠的预测结论。

选择专家是德尔斐法成功的关键。一般要选择精通预测领域技术的、有名望的、有学科代表性的专家，在矿井水害预测中要特别注意选择有丰富实践经验的专家，还要适当选择相关的其他学科的专家。一般通过4~5轮预测，专家的意见可以相当集中。如果5轮之后，预测意见仍分歧很大，应停止，并另辟蹊径。

三、定置预测技术

（一）回归分析法

回归分析法是建立预测变量与其影响因素间相关函数关系的统计分析方法，在矿井水害研究与预测中具有广泛的应用领域，长期以来其功能开发应用不够，就目前而言，在预测矿井涌水量时应用最多。下面结合矿井涌水量预测予以介绍。

一般情况下，矿井涌水量与其影响因素间的关系有两种：一种是确定性关系，即可以用一个精确的数学表达式表示这种关系；另一种是相关关系，即虽然不能用一个精确的数学表达式表示这种关系，但矿井涌水量与其影响因素间存在相关性，可以用概率统计的方法研究这种关系的相关程度，并建立它们之间的近似数学表达式来表示这种关系。

（二）理论安全水压法

矿床未开采前，底板承压含水层的静水压力与巷道（或采空区）的底板隔水层的抗张强度和岩层重力三者处于天然平衡状态。一旦巷道得以开拓或矿体被开采，这种天然平衡状态就被破坏而产生矿压，在矿压和水压作用下，底板隔水层必然受到不同程度的破坏，这种破坏一旦超过一定限度，就有可能导致底板之下承压含水层水突出。

（三）数量化理论

数量化理论是多元分析的一个分支。按其所研究问题目的的不同可分为四种，分别称为数量化理论Ⅰ、Ⅱ、Ⅲ、Ⅳ，在矿井、突（涌）水预测工作中主要使用数量化理论Ⅰ。

多元分析是根据观测数据研究多个变量间关系的数理统计分支。按照变量在所研究问题中的地位可将其分为两种：若变量被视为事物变化的原因，则称为自变量，或说明变量；若变量被视为事物变化的结果，则称为因变量，或基准变量。按照变量变化情况也可将其分为两种：通常所说的变量称之为定量变量或间隔尺度变量，如长度、产量等；若变量只有性质上的差异，并没有数量上的变化，称为定性变量或名义尺度变量，如断层的性质有正断层与逆断层之分。定性变量在许多实际问题中的作用是不可忽视的。定量变量和定性变量的取值分别称为定量数据和定性数据。

定量变量与定性变量是可以转化的。对于定量变量，若将表示其的数轴划分为互不相交的区间，定量变量取值于同一区间时认为是同一等级，则将此定量变量转化为定性变量，相应地定量数据也就转化为定性数据。对于定性变量，可按某一合理的原则将其转化为定量变量，如正断层取值为1，逆断层取值为0。

按某一合理的原则把定性变量转化为定量变量，并以得到的定量数据为基础进行预测或分类等研究，就是数量化理论的研究内容。数量化理论既可以利用定量变量，又可以利用定性变量，使信息得到更充分的利用，进而更全面地研究事物间的联系和规律性，是一种非常有用的分析工具。

四、综合预测

矿井涌、突水预测对于矿井防治水来说，其重要性是不言而喻的。但是，由于矿井涌、突水机理复杂；煤矿生产工作时间跨度大，数据的完整性、可靠性和精确度受到一定的影响，数据获取困难；单一预测方法受到自身应用条件的限制，存在一定的局限性。因此，矿井涌、突水预测必须采用综合预测的对策。这里所谓的综合，是指数据获取的综合、预测方法的综合、预测技术手段的综合和预测结论的综合。

（一）数据获取的综合

参与矿井水害预测的基础数据资料是否完整、可靠，决定了预测结果的正确性和精度。因此，要综合收集相关不同专业、不同时期、不同类型的数据，即广泛收集地质、煤田地质、矿井地质、水文地质、工程地质、物探遥测和采掘工程等相关专业领域的数据资料；广泛收集不同历史时期的相关数据资料；要注意不同类型数据资料的收集，包括定量、定性、文字、图、表等。对数据进行整理、分析、综合与归类；对不同历史时期的数据进行必要的转换，统一量纲；要对数据进行必要的预处理，剔除那些过时的、奇异的数据，结合预测方法要求对数据进行合理的变换，如标准化变换、正规化变换和归一化变换等。

（二）预测方法的综合

原则上，要采用定量与定性方法相结合，不同专业方法相结合。在基础数据资料基本满足预测方法要求的前提下，要尽量采用不同领域、不同类型的多种预测方法，在选择预测方法时一定要注意方法与预测对象的符合性、有效性及不同方法的互补。

（三）预测技术手段的综合

现代矿井水害预测技术发展的典型标志：一是广泛使用电子计算机技术；二是普遍采用物理探测技术。两者与传统的地质和预测技术手段相结合，正在逐步实现矿井水害预测技术的现代化。也就是实现矿井水害预测技术的信息化，包括数字化、定量化、模型化、可视化和网络化。由于地理信息系统（GIS）具有较强的空间分析、图形处理功能，以GIS为平台开发的矿井水害预测系统正在得到迅猛发展。

（四）预测结果的综合

对不同预测方法的预测结果，结合采用数据的完整性与可靠性，预测方法的使用条件满足的程度及方法的有效性、稳定性和侧重性，给予正确评价，科学合理选择，进而综合出预测结论。也可以采用加权平均的方法综合出预测结论，为不同预测方法的预测结果赋权，一定要建立在上述正确评价的基础之上，唯此加权平均才有实际意义。对于区域性预测结论，还应该针对实际中出现的新情况及获得的新数据资料，不断修正、完善预测结论。

第七节　矿井水文地质条件的数值模拟

一、概述

水文地质数值模拟是一项非常实用的综合性应用技术，它以刻画地下水系统空间结构和水力特征的数学模型为工具，以数字模拟方法为手段来定量分析、评价、预测地下水系统的水文地质条件、参数结构、行为规律及其在扰动条件下的变化与响应。对煤矿安全、矿区可持续发展，以及工程设计、生产管理、政府决策等部门都有很大的应用价值。

矿井水害是制约许多矿区可持续发展的重要因素。多年来，对矿井水害的预防和治理一直是相关科学、工程领域和生产工作者关注和实施的重要课题，其中水文地质数值模拟为水害识别、工程施工提供坚实的理论基础。虽然受地质环境、开拓及采煤影响，矿井水害的数学模拟难以完全与实际情况吻合，有时甚至会出现较大的偏差，但数值计算仍然是煤矿水害防治理论研究的重要内容之一。数学模拟对矿区地下水运动的理论研究，对防治水害、处理和利用矿井水都具有理论和实际的意义，将一直是煤矿水研究的重要课题之一。

对于复杂的地理实体和地下地质体中水量和水质的研究，借助于飞速发展的计算机技术，应用各种数学的方法，如数学物理方程、概率及数理统计、偏微分方程的数值求解等，可以很好地对水资源进行评价，对各种复杂的地下水问题进行求解。同时，随着对地下水污染的日益关注，借助数学的方法模拟溶质运移，也成为地下水研究的主要内容。在以上所有重要的领域，数学模拟的方法由于计算机技术的发展，均取得了重要进展。随着电子计算机和数值方法的发展，数值模拟已逐渐成为模拟一些水文地质过程发生、发展，研究地下水运动规律和定量评价地下水资源的主要手段，广泛应用于与地下水有关的各个领域，其中包括：水资源评价问题（供水、排水、水利等各类问题中的地下水水位预报和水量计算等）；地下水污染问题，水–岩作用和生物降解作用的模拟；非饱和带水分和盐分运移问题；海水入侵、高浓度卤水入侵问题；热量运移和含水层储能问题；地下水管理与合理开发、井渠合理布局和渠道渗漏问题；地下水－地表水联合评价调度问题；地面沉降问题；参数的确定问题。它所涉及的地质情况多种多样，有潜水，也有承压水；有单个含水层的情况，也有多个含水层存在越流的情况，以及种种复杂的地质构造和岩相变化情况。由此，发展了相应的模型概化与边界条件的处理。根据该理论发展出的各种模型和相关软件也解决了很多国民经济建设中亟须解决的各类问题。

近年来，对于地下水数值模拟的研究主要集中在三维流模型及其软件开发、流场与流线的计算、非均质参数的区域概化、繁杂数据的优化处理，以提高模拟结果的精度。

从21世纪初的研究来看，地下水流数值模拟还将在以下五个方面发展：

（1）数值模型的基础理论研究。

（2）引进新的思维方法、新的数学工具，合理地描述含水层系统中大量的不确定性和模糊因素。

（3）随着勘测手段和勘探程度的提高，三维流模型将得到普及。

（4）与计算机技术的完美结合，大大提高了数值模型的使用效率。

（5）数值模型在裂隙发育区、非饱和带的应用将逐渐成熟，在这些区域依靠数值模型预测水流状态的关键是含水层特征参数的确定。随着观测手段的改进和新的数学方法的运用，含水层参数的精度将有所提高，这些地区的数学模型将会得到不断的完善。

另外，随着计算机科学的飞速发展，以及遥感、地理信息系统和全球定位系统在地下水数值模拟中的进一步应用，人们不仅可以直观地模拟地下水流，而且可以实时地监测地下水的动态，地下水数值模拟将进入一个崭新的时代。

二、数值模拟的步骤

数值模拟方法与解析法及其他评价方法相比，能够较为全面地刻画含水层的内部结构特点和模拟处理比较复杂含水层系统边界及其他一般解析方法难以处理的水文地质问题。可以说，无论多么复杂的水文地质问题，只要归结为利用一组数学方法刻画的数学问题后，借助于现代计算机技术，总可以利用数值模拟方法获得对问题的定量化解答。因此，数值模拟方法是目前水文地质计算中一种强有力的数学工具，它的推广应用标志着水文地质条件定量计算与分析进入了新的发展阶段。

采用数值模拟方法定量模拟评价矿井水文地质条件大致可分为六个步骤。

（一）建立模拟计算区的水文地质概念模型

在矿区水文地质调查和专门水文地质勘探的基础上，根据对模拟计算区域内水文地质条件的认识和分析，纲要性地概化出研究计算区的水文地质概念模型。水文地质概念模型既取决于研究计算区的具体水文地质条件，但又不完全等同于该区的实际水文地质条件。它是实际水文地质条件的概化和功能纲要，矿井水文地质概念模型要求明确和概化的主要内容如下：

1.概化确定模拟计算区的范围及边界条件

根据矿井水文地质勘探资料和矿井采掘要求，在明确矿井主要充水含水层和模拟计算的含水层后，根据矿井对水文地质评价的要求，首先应圈定出模拟计算区的范围。一般情况下，模拟计算区最好是一个具有自身补给、径流和排泄的独立的天然水文地质系统，它具有自然边界，便于较为准确地利用其客观真实的边界条件，避免人为划定边界时在资料提供上的困难和误差。但在实际工作中，相关人员所关心或划定的模拟计算区域常常不能完全利用自然边界。这时就需要充分利用水文地质调查、勘探和长期观测资料等，通过深入系统的水文地质条件分析，建立人为的模拟计算边界。

在利用含水层自然边界有困难或在模拟计算区边界因勘探试验和观测资料缺乏，不足以建立较为精确的人为边界时，常常将已确定的计算范围适当地向外延伸设置一定缓冲带，缓冲带的宽度视具体的水文地质条件和评价要求而定，一般为2～3层计算单元的宽度。缓冲带的边界一般以定水头边界或隔水边界处理为宜。

在计算范围明确规定后，就要对所有边界的水文地质性质进行详细的研究和确定。一般情况下，只要含水层与常年有水的湖泊、河流、水库等地表水体有直接的水力联系时，不管是地表水排泄地下水，还是补给地下水，只要两者之间存在密切的水力联系，均可处理为第一类边界条件。对于自由入渗的地表水体，则必须作为第二类边界条件处理。

2.概化模拟计算区域内含水层的内部结构特征

通过对含水层结构类型、埋藏条件、导储水空隙结构及水力特征的分析研究，确定模拟计算区内含水层类型。在此基础上，要对含水层的空间分布状态进行概化，对于承压含水层来说，主要是明确含水层底板标高的变化规律及其在模拟计算区内底板标高的分布。含水层的渗透性（导水性）概化是根据含水层的渗透系数（或导水系数）及其主渗透方向和储水系数在空间上的变化规律，进行均质化分区。所谓含水层水文地质参数的均质化分区，就是根据对所模拟研究的含水层区域内地质与水文地质条件的分析，将研究区划分为若干个亚区，而且认为在每个亚区内含水层水文地质参数是相等的（含水层是均质的）。一般情况下，松散岩层中的孔隙含水层多属于非均质各向同性，基岩裂隙或喀斯特裂隙含水层则多属于非均质各向异性含水层。

3.概化模拟计算目标含水层的水力特征

水力条件是驱动地下水运动的力源条件，含水层水力特征的概化主要包括三个方面的内容：第一，渗流是否符合达西地下水流规律；第二，含水层中的地下水流呈一维运动、平面二维运动还是空间三维运动；第三，地下水水流运动是稳定流还是非稳定流。一般情况下，在松散沉积的孔隙含水层、构造裂隙含水层以及溶洞不大，均匀发育的裂隙喀斯特含水层中，地下水流在小梯度水力驱动下多符合达西地下水流规律；只有在大溶洞和宽裂隙中的地下水在大梯度水力条件的驱动下，才不符合达西水流。严格地讲，在开采状态下，地下水的运动都存在三维流特征，特别是在矿井排水形成区域地下水位降落漏斗附近以及大降深的疏放水井孔附近地下水的三维流特征更加明显。但是，在实际工作中，由于三维渗流场的水位资料难以取得，在实际模拟计算过程中，多数情况下将三维流问题按二维流近似处理。

4.概化计算区域的初始水文地质条件

根据模拟计算区矿井水文地质定量评价的要求，选定模拟计算的初始时刻，求出模拟计算的初始流场。模拟计算的初始条件包括计算区内的水力场，初始水文地质参数场，一类边界的水位值，二类边界的水力梯度值，以及计算区内自然存在的地下水源、汇项。一类边界的初始水位及其源、汇项，可根据实际观测资料直接给定；二类边界的初始水力梯度，可根据边界内外的水位观测值通过等水位线分析或水力计算确定。计算区内初始参数亚区的划分及其初始参数值，一般根据含水层水文地质结构分析及其解析法所获得的水文地质参数确定。

（二）建立计算区刻画地下水运动规律的数学模型

基于上述概化后的水文地质概念模型，可以建立计算区描述地下水运动的数学模型，即用一组数学关系式来刻画模拟计算区内实际地下水流在数量上和空间上的一种结构关系，它具有复制和再现实际地下水流运动状态的能力。这里所说的数学模型，主要是指由线性和非线性偏微分方程所表示的数学模型。对于一个实际的地下水系统来说，这样的数学模型一般应包括描述计算区内地下水运动和均衡关系的微分方程和定解条件组成，定解条件包含边界条件和初始条件。这样的数学模型一般情况下很难通过常规的解析方法获得其精确解，通常都需借助于现代计算机技术，用数值方法对其进行求解以获得其近似解。

根据研究的出发点和具体方法的不同，地下水系统的数学模型可分为线性与非线性模型、静态与动态模型、集中与分布参数模型、确定性与随机性模型等。目前，在矿井水文地质条件模拟预测中最常用的是确定型的分布参数模型。

（三）离散化模拟计算区

上述所建立的刻画地下水特征的数学模型，需要借助于数值方法对其进行求解。用于求解地下水流数学模型的方法有很多种，目前最常见的是有限单元法和有限差分法。无论采用哪种方法，求解之前，都需要对模拟计算区域进行离散化剖分。剖分网格的形状，对平面二维水流剖分网格常见的是三角形和矩形，对空间三维水流剖分网格有四面体和六面体。在剖分的过程中，其解的收敛性与稳定性在很大程度上取决于单元剖分的大小。一般情况下，剖分的单元不宜过大，特别是在水力坡度变化大的地方，单元应变小加密。对于非稳定流问题，还需要对模拟计算的时间段进行离散化，在水头变化较快的时间段内，时间步长应取得小些。在时间段划分上，一般原则是在水头变化快的时期，时段步长应取得小些，划分的时段应多些；在水头变化缓慢的时期，时段步长应取得大些。

（四）校正（识别）计算区的数学模型

数学模型应是实际含水层及其水流特征的复制品。根据水文地质模型所建立的数学模型，必须反映实际径流场的特点。因此，在进行模拟预报之前，必须对数学模型进行校正，即校正其方程、参数及边界条件等是否能够准确地反映计算区的实际水文地质条件。由此可见，校正模型实际上就是通过拟合实际观测到的水文地质现象而反过来求得反映含水层水文地质条件的有关参数的过程。在数学上称为反演问题或逆问题。

目前常用的识别数学模型所采用的方法包括直接解法和间接解法两类。直接解法就是从含有水头、水量和参数的偏微分方程或从已离散的线性方程组出发，代入实际观测的水头，从中直接求解出水量或参数的方法，即直接求解逆问题。这类方法有数学规划法、拟线性化法等。由于直接解法所需结点的水头均应是实际观测值，这在实际上很难办到，所以直接解法应用较少。

（五）数学模型的校验

当通过参数反演得到数学模型的有关定量水文地质参数后，就获得了用于矿井水文地质条件模拟预测的唯一确定的数学模型。为了在运行模型之前进一步确认模型的可靠性，可利用已知的水文地质观测资料与模型运行的计算结果进行比较分析，以确认模型的正确性。如果校验结果较好，则可利用模型进行矿井水文地质条件的预测分析，否则需要重新考核和校正数学模型。

（六）数学模型的运行与应用

经过识别和校验后的数学模型，即可作为矿井水文地质条件和矿井涌水量预测预报的计算模型，也可根据矿井开采条件、矿井水文地质要求进行多种问题的数值模拟计算。目前，数学模型主要用于模拟预测不同条件下矿井疏降水量和疏降条件下的地下水流场。

三、数值模拟方法的应用条件

数值模拟方法的成功应用必须建立在特定的条件之上。一般来说，对一个矿区的矿井水文地质条件及其矿井涌水量进行数值模拟与预测应具备下列基本条件：

（1）必须有专门的地质与水文地质勘探资料，严格控制矿井主要充水含水层（模拟的目标含水层）的空间赋存特征。这些资料包括含水层的埋深、厚度、产状、空间延展情况、结构类型，顶底板岩层条件，以及与主采煤层之间的位置关系等。

（2）要有专门的资料控制模拟的目标含水层的边界条件，这些资料包括边界的位置、物理结构、水文地质性质、可能出现的边界随时间的变化（如水位的动态变化等），顶板岩层条件（有无天窗等），以及与主采煤层之间的位置关系。

（3）要有专门的水文地质试验资料，控制地下水的水动力学性质及其含水层的水文地质参数结构。这些资料包括地下水的流态（层流还是纹流、承压水流还是无压水流等），含水层的渗透性能、越流条件，以及地下水水力梯度等。

（4）要有大型群网观测的抽放水试验资料或具有区域性控制作用的地下水水力信息长期观测资料。这些资料包括抽放水水量及其动态变化过程、抽放水过程中含水层水位及其变化过程、抽放水结束后地下水位恢复程度及其恢复过程。

（5）其他影响含水层行为的相关信息。这些信息包括大气降水及其时间分布、蒸发条件及其季节性变化、地表水系及其季节性变化、当地工农业用水及其开采情况、地表植被发育状况等。

第八节　矿井水害防治的科学决策

一、科学决策概述

科学决策是指决策者为了实现某种特定的目标，凭借科学思维，运用科学的理论和方法，系统地分析主客观条件并作出正确决策的过程。科学决策的根本是实事求是，决策的依据要实在，决策的方案要实际，决策的结果要实惠。

科学决策具有程序性、创造性、择优性和指导性等特点。

（1）程序性是指科学决策不是简单拍板，随意决策，更不是头脑发热，信口开河，独断专行，而是在正确的理论指导下，按照一定的程序，充分依靠领导、专家和群众的集体智慧，正确运用决策技术和方法选择行为方案。

（2）创造性是指决策总是针对需要解决的问题和需要完成的新任务而作出选择，不是传声筒、录音机，也不是售货员、二传手，而是开动脑筋，运用逻辑思维、形象思维、直觉思维等进行创造性的劳动。

（3）择优性是指在多个方案的对比中寻求能获取较大效益的行动方案，择优是决策的核心。

（4）指导性是指在管理活动中，决策一经作出，就必须付诸实施，对整个管理活动、系统内的每一个人都具有约束作用，指导每一个人的行为方向，不付诸实施，没有指导意义的决策就失去了决策的实际意义。

参与科学决策的主体一般有五个，即决策领导、决策助手、决策专家、学科专家、实际工作者和广大群众。科学决策要以人、社会、环境的整体协调发展为基础，强调决策对象的发展规划、经济规划、生态规划的协调统一，保证经济效益、社会效益、环境效益的同步增长，为人类的可持续发展提供思想方法论的基础，对人类的可持续发展产生积极的指导作用，进而显示其不可估量的社会价值。

二、最优化技术

科学决策的实质就是从众多方案中选择一个最优（最大效益或最小损失）的方案，往往要借助于最优化技术，常用的最优化技术包括线性规划、非线性规划、目标规划和动态规划等。

（一）线性规划

线性规划是指决策变量不论在目标函数还是在约束条件中均为线性的规划。它所研究的问题主要包括两个方面：一是确定一项任务，如何统筹安排，以尽量做到用最少的资源来完成它；二是如何利用一定量的人力、物力和资金等资源来完成最多的任务。线性规划的模型可以表述为在满足一组线性约束和变量为非负的限制条件下，求多变量线性函数的最优值（求最大或最小值）。

（二）非线性规划

当目标函数或约束条件中有一个或多个为非线性函数时，称这样的规划问题为非线性规划。科学研究和工程技术中所遇到的很多问题都是非线性的，非线性规划的求解方法大体可分为两种：一种是把非线性问题化为线性问题求解，如泰勒级数展开等；另一种是直接求解，如罚函数等。需要说明的是，非线性规划的算法虽然比较多，但没有一种算法能对非线性规划问题普遍适用，而且非线性规划的算法所求得的解往往是局部最优解。

（三）动态规划

在最优化问题的研究中，有一类问题是一种随着时间而变化的动态过程。它可以按照时间过程划分成若干个相互联系的阶段，每个阶段均需作一定的决策，一个阶段的决策常常会影响到下一个阶段的决策，从而影响整个过程的活动路线。因此，每个阶段最优决策的选择必须考虑整个过程中各阶段的联系，要求所选择的各个阶段决策的集合——策略，能使整个过程的总效果达到最优，这类问题称为多阶段决策问题。由于它是在实践过程中，依次分阶段选取一些决策来解决整个动态过程的最优化问题，所以称为动态规划。

（四）目标规划

1.基本概念

目标规划是在线性规划基础上发展起来的，它的模型结构和算法与线性规划相似，但又有它自己的特点，它能解决线性规划所不能解决的多目标决策问题。

线性规划问题求解的过程中存在以下两个方面的不足：

一是线性规划的目标函数是单目标（最大或最小值问题），是通过满足一组约束条件下实现单目标的极值来解决需要决策的问题，它不适应当前复杂多变的决策活动中多目标的实际要求。

二是线性规划的求解比较严格，最优解的求解，首先必须有一个可行解区，如果现有资源条件不能保证决策目标的实现，或者线性规划模型的约束条件出现了相互矛盾的情况，形成不可行解区，线性规划就无解，从而限制了线性规划的应用范围。

目标规划就是要解决线性规划不能解决的目标度量单位不同，目标之间相互矛盾，重要程度不同的现实中存在的多目标决策问题。

2.目标规划的模型结构与解法

目标规划是以管理目标为标准，从资源约束中探求一个实现目标偏差最小的满意解。其基本思路如下：在满足一组资源约束和目标约束的条件下，求一组变量的值，实现决策目标与实际可行目标值之间的偏差最小。

三、决策的分类

从不同的角度出发，可以对决策进行不同的分类。根据决策者的地位不同，可分为高层决策、中层决策和基层决策；根据所需作出决策的先后次数，可分为一次决策和多次决策；根据决策目标的个数，可分为单目标和多目标决策；根据决策的内容，可分为战略决策和战术决策。决策决定未来的行动计划，对选择决策分析方法及其结果有着本质影响。根据对未来状态掌握的可靠程度的不同，决策可分为确定型决策、风险型决策和不确定型决策三类。

（一）确定型决策

确定型决策是指对每个可行方案未来可能发生的各种自然状态和信息完全已知，有确定把握的情况下，决策者可根据完全确定的情况比较选择，或者建立数学模型进行运算、模拟，并能得到完全确定结论的决策。

确定型决策应具备如下四个条件：

（1）存在决策人希望达到的一个明确目标（收益最大或损失最小）。

（2）只存在一个确定的自然状态。

（3）存在可供决策人选择的两个或两个以上的行动方案。

（4）不同的行动方案在确定状态下的损益值（损失或利益）可以计算出来。

确定型决策技术主要是指部分运筹学及数量经济模型、模拟和计算方法。确定型决策方法和模型常用的主要方法包括线性规划、动态规划、非线性规划、盈亏平衡分析和费用分析等。

（二）风险型决策

如果决策问题存在多种可能发生的自然状态，决策者在进行决策时并不确切知道哪一个条件（自然状态）将一定发生，只能根据经验及已有的资料、信息，设定或推算出事件发生的概率，并据此进行决策。这样进行的决策要求承担一定的风险，因此称为风险型决策。

风险型决策要求具备以下五个条件：

（1）有一个明确的决策目标。

（2）存在可供决策者选择的两个或两个以上的可行性方案。

（3）存在不以决策者主观意念为转移的两种或两种以上的自然状态，并且每一自然状态均可估算出它们的概率值。

（4）不同的可行性方案在不同自然状态下的损益值可以计算出来。

（5）未来将出现哪种自然状态不能准确确定，但其出现的概率可以估算出来。

具备上述五个条件，即可构成一个完整的风险型决策问题。

风险型决策可依据的标准主要是期望值标准。所谓期望值，是指随机变量的数学期望，即不同方案在不同自然状态下可能得到的加权平均值。常见的风险型问题的决策方法包括最大期望收益标准、最小期望损失值标准、最大可能决策标准、矩阵法、灵敏度分析法和决策树等。

（三）不确定型决策

一般来说，不确定型决策是针对新的决策项目，只估测到可能发生的几种状态，但每种状态发生的可能性由于缺乏资料，无法确定，所以是一种不确定情况，在这种情况下的决策，主要取决于决策者的经验素质和决策风格。同时，根据多年决策经验的积累总结，也归纳出了一些公认的决策方法，决策者可以根据自己的经验和估计加以选用。

四、科学决策的程序

决策是人们对谋略的判断，它根据已知的情报、信息等内容，利用人的智慧进行思维分析、逻辑推理，从而找到解决问题的最佳方法，并在执行中跟踪、反馈、控制，以达到预期目标的全过程。决策的成败，直接影响到决策所涉及范围内的社会效益和经济效益。必须遵循科学的决策程序，才能作出正确的决策。

（一）提出问题，确定目标

问题是应有现象和实际现象之间出现的差距；而目标是在一定的环境和条件下，在预测的基础上所希望达到的结果，是决策的出发点和归宿。一切决策都是从问题开始的，决策者要善于在全面收集、调查、了解情况的基础上发现差距，确认问题，并能阐明问题的发展趋势和解决问题的重要意义，在此基础上，要确定明确、合理的目标，注意区分必须达到的目标和期望达到的目标。应当在优先保证实现必达目标的基础上，争取实现期望目标。目标应尽量具体、争取量化，以便与执行情况进行分析对比。

（二）拟定可行方案

可行方案是指具备实施条件、能保证决策目标实现的方案。一般来说，一个问题都有多种求解途径，到底哪条途径有效，能够达到预定目标，得到最优解，要经过严格的论证比较才能确定，在拟定可行方案时要尽可能多地提供可供选择的方案。拟定可行方案的过程是一个发现、探索的过程，也是淘汰、补充、修订、选取的过程。应当具有大胆设想、勇于创新的精神，又要细致冷静、反复计算、精心设计。对于复杂的问题，可邀请有关专家共同商定。在拟订方案时，可运用"献策会"及"对演法"（"对演法"就是让相互对立的小组制定不同的方案，然后双方展开辩论，互攻其短，以求充分暴露矛盾，使方案越来越完善）等技术。

（三）对方案进行评价和优选

方案的评价和优选要集思广益，针对每一种可行性方案都要进行充分的论证，要广泛听取不同专业、不同层次的专家、学者及群众的意见，并经过充分的论证作出综合评价。论证要突出技术上的先进性、实现的可能性及经济上的合理性。不仅要考虑方案所带来的安全效益、经济效益，也要考虑可能带来的不良影响和潜在的问题，从多种方案中选取一个较优的方案。

（四）方案的实施与反馈

决策的正确与否要以实施的结果来判断，在方案实施过程中应建立信息反馈渠道，实行监督、反馈制度。将每一局部过程的实施结果与预期目标进行比较，若发现差异，则应迅速纠正，必要时进行再决策，以保证决策目标的实现。

正确的决策取决于多种因素，除了要有完善的决策体系、遵守科学的决策程序外，决策者的经验、才能和素质，以及适宜的决策方法等都至关重要。

上述四个决策程序既相互独立又紧密联系，实施过程中要注意它们之间的区别与联系，做到目标准确、方案详尽、论述到位、实施顺利、反馈及时。

4

第四章　大水矿井的防水设施与要求

第一节　水闸门、密闭门及水闸墙

水文地质条件复杂、极复杂的矿井，为了避免大水矿井受突然涌水的袭击，或因临时停电，设备发生故障，致使水位迅速上升而淹井，故在井底车场周围（运输大巷两翼设置水闸门，在泵房、变电所与井底车场的通道中）设置防水闸门，拦截水流，或在正常排水系统基础上安装配备排水能力不小于最大涌水量的潜水电泵排水系统，确保矿井安全。

在矿井有突水危险的采掘区域附近，应设置防水闸门。不具备建筑防水闸门的隔离条件时，可不砌筑防水闸门，但应制定严格的其他防治水措施，并经煤矿企业主要负责人审批同意。在井下巷道掘进遇溶洞或断层突水时，为封堵矿井水或溶洞泄出的泥砂石块，可构筑水闸墙。此外，采区间的隔离防水，也可构筑水闸墙。

水闸门、密闭门或水闸墙要求设置在致密坚硬及完整无隙的岩石中。如果必须在松软岩石中砌筑时，就应当在砌水闸门、密闭门或水闸墙内外的一段巷道里全部砌碹，碹后注浆，使之与围岩紧密固结，构成一个坚固的整体，以防漏水甚至崩溃。水闸门、密闭门或水闸墙可用缸砖、料石、钢筋混凝土或建筑用砖砌筑，视所受压力大小而选定材料。墙垛四周应掏槽伸入岩石之中，事先埋好注浆管，待墙垛竣工后，再压注水泥砂浆，充填缝隙，使之与围岩构成一体。水闸门或密闭门由墙垛、门框、门扇及衬垫组成。门框净高净宽视巷道运输量的需要而确定。

水闸门或密闭门的墙垛由混凝土筑成，应按设计留好各种水管孔电缆孔。门扇可根据经受水压的大小，采用铁板焊接或铸钢制成。门的形式在水的压强不超过25kg/cm²时，常采用平面状。当水的压强超过25～30kg/cm²时，采用扁壳状或球壳状。门框与门扇之间的衬垫，用铜片或铁皮包橡皮做成。

建筑防水闸门应当符合下列规定：

（1）防水闸门由具有相应资质的单位进行设计，门体采用定型设计。

（2）防水闸门的施工及其质量，符合设计要求。闸门和闸门硐室不得漏水。

（3）防水闸门硐室前、后两端，分别砌筑不小于5m的混凝土护硐，硐后用混凝土填实，不得空帮、空顶。防水闸门硐室和护硐采用高标号水泥进行注浆加固，注浆压力符合设计要求。

（4）防水闸门来水一侧15～25m处，加设一道挡物箅子门。防水闸门与箅子门之间，不得停放车辆或堆放杂物。来水时，先关箅子门，后关防水闸门。如果采用双向防水闸门，在两侧各设一道箅子门。

（5）通过防水闸门的轨道、电机车架空线、带式输送机等能够灵活易拆。通过防水闸门墙体各种管路和安设在闸门外侧的闸阀的耐压能力，与防水闸门所设计压力相一致。电缆、管道通过防水闸门墙体外，用堵头或阀门封堵严密，不得漏水。

（6）防水闸门安设观测水压的装置，并有放水管和放水闸阀。

（7）防水闸门竣工后，按照设计要求进行验收。对新掘巷道内建筑的防水闸门，进行注水耐压试验；水闸门内巷道的长度不得大于15m，试验的压力不得低于设计水压，其稳压时间在24h以上，试压时有专门的安全措施。

防水闸门应当灵活可靠，并保证每年进行2次关闭试验，其中一次在雨季前进行。关闭闸门所用的工具和零配件应当由专人保管，并在专门地点存放，任何人不得挪用丢失。井下需要构筑水闸墙的，应当由具有相应资质的单位进行设计，按照设计进行施工，并按照规定进行竣工验收；否则，不得投入使用。报废巷道封闭时，在报废的暗井和倾斜巷道下口的密闭水闸墙应当留泄水孔，每月定期进行观测，雨季加密观测。

第二节　水闸门墙垛类型及厚度计算

一、平面型闸墙

平面型闸墙系用方木构筑的临时闸墙，在发生突水事故的情况下，用以掩护永久性闸墙的施工，或在一定时间内切断水流，赢得时间，撤退排水设备或施工人员。这种防水闸墙具有结构简单、构筑速度快的特点，承受水压通常为1.5~2.0kg/cm²。

平面型闸墙按简支梁计算公式为：

$$S = L\sqrt{\frac{3p}{4K}} \tag{4-1}$$

式中：S——闸墙厚度，cm；

p——水的压强，kg/cm²；

K——木材许用弯曲应力，kg/cm²；

L——闸墙的高度（或宽度），cm。

计算时，L值根据巷道宽度和高度而定，应取其最大值进行计算。水闸门如用木材建造，因其处于长期潮湿的情况下，木材的强度会降低，故强度乘0.75的系数。其许用弯曲应力取其弯曲应力的1/10。

二、圆柱型闸墙

圆柱型闸墙使用在窄而高的巷道中，能承受较平面型闸墙更大的压力，一般采用缸砖、料石或混凝土块砌筑。如闸墙厚度较大时，可在闸墙的内外侧用缸砖砌筑，中间以混凝土捣制，若全部采用混凝土，则需装模板。

三、球面型闸墙

球面型防水闸墙的建筑尺寸应与砌筑闸墙处的巷道宽度和高度相适应。这种防水闸墙支撑于基座的4个支撑斜面上，比圆柱型闸墙有较大的支撑面，因而能承受较大的水压。

四、楔型闸墙

楔型闸墙在基础上具有4个支撑面，因而能承受较高的水压。如果水压特别大，可构筑多段楔型闸墙。

第三节　密封式泵房

一、密封式泵房的特点与作用

大水矿井必须设计密封式泵房，其特点是：尽管水闸门外的巷道被水淹没，但水泵房与变电所却平安无事，由于泵房与变电所内的排水设备、电器系统不受水浸，仍可照常运转。为使泵房达到密封，必须做到以下五点：

（1）运输大巷两翼设置水闸门。

（2）泵房与大巷用密闭门相隔。

（3）水仓与配水井间用高压引水闸阀控制。

（4）泵房（包括变电所）内大小裂隙溶洞及其他导水通路一律注浆封闭，使之不漏水。

（5）泵房与排水井（副井）、风井及主井沟通处应设密闭门。这些井筒如与其他来水井巷相通时，也应设置密闭门或水闸墙。经过改造或扩建的生产井，巷道多相互沟通，更应注意采取防水设施使之密封。

二、密封式泵房的类型

（一）一般密封泵房

大水矿井常用的一般泵房是：泵房及变电所的位置高于水仓入口标高0.5m，水仓底标高低于泵房水平4m，矿井水从水仓经过引水闸阀进入配水巷，再经配水巷的配水闸阀进入吸水井，吸水井通常低于汇水巷0.5m。

泵房要求建立在岩石坚硬致密、无裂隙的地段。如必须建在松软破碎岩石中时，必须留设泵房煤柱。泵房必须砌碹，碹壁之后必须注满砂浆，不得留有空隙或导水裂隙，以确保泵房的干燥与稳定。这种泵房的优点是施工方便，容易密封，设备安装方便。

（二）潜没式密封泵房

潜没式密封泵房是将泵房与变电所布置在比井底车场标高低4m的水平处。泵房、变电所至井底车场的通道内应设置密闭门，水仓底标高低于井底车场底板2.5m，比泵房标高高出1.5m。水由水仓经引水闸阀进入汇水巷，再经汇水巷的配水闸阀进入吸水井。每两台泵布置一个吸水井。

潜没式泵房的优点如下：

（1）由于吸水管是正压，可适当采用效率高、吸程低的水泵。

（2）水泵没有底阀，阻力小，电耗少。

（3）水泵启动时不需灌水，容易实现水泵运转自动化。

（4）没有气蚀现象，水泵寿命可以延长。

潜没式泵房的缺点如下：由于泵房变电所标高较井底车场标高为低，须开凿设备运输斜巷，安装调度绞车以及运输设备。通行条件较一般水泵硐室要差。水泵硐室、排水井巷施工困难，基建工程量大。

（三）密封式泵房的配套工程及要求

密封式泵房的配套工程有水仓、配水井、配水巷、吸水井、泵房通道及密闭的硐室、紧急提升巷道。在大水矿井最好设置独立的通风系统，以便在关闭水闸门、密闭门时，泵房内仍能维持正常通风。井下水仓是临时性储存积水和沉淀煤矸粉渣的地方。大水矿井应设计两组水仓。每组又分为主、副水仓，一个水仓清理时，另一个水仓可正常使用。水仓应有一定的容量。

水仓进口处，应安设箅子，以防杂物进入水仓。对水砂充填、水力采煤和其他涌水中带有大量杂质的矿井，还应设置沉淀池。水仓、沉淀池、配水巷、吸水井和水沟中的淤泥，每年至少应清理两次。与降雨有密切关系的矿井，还必须在雨季前清理一次。主要泵房至少有两个安全出口，一个由副井（排水井）通至泵房，另一个由主斜井甩道通泵房。泵房还有出口通井底车场。在这个通道内应设置容易关闭的、既能防水又能防火的密闭门。大水矿井泵房设备大而多，有条件时必须准备专门的独立通风系统。

第四节　大水矿井的延深、淹没与恢复

大水矿井的延深、淹没与恢复的主要研究内容的经验如下：

（1）为了使井筒顺利地向设计水平延深，应慎重选择井筒的具体位置。要求在延深地段附近的数十米走向范围内，没有断层或大型褶皱，岩溶裂隙不发育，无突水点，煤层与围岩的坡度正常。

（2）延深井筒一般成对施工，这不仅是为了便于通风，更主要的是为了分散井筒涌水量，相互接应，交替掘进，以便顺利而迅速地达到设计水平。

（3）井筒达到设计标高落底时，首先要抓紧时间抢占排水阵地，并按井筒设计涌水量要求做临时性的水仓泵房，安好排水设备，再去打永久性的水仓与泵房。待井下防排水设施全部完善，并经检查试验合格后，再向两翼拉开大巷，布置采区。

（4）大巷流水沟应有经过计算的足够断面，水沟坡度与巷道坡度一致，沟内保持畅通无阻。

（5）延深时，现生产水平不能停产，所以主、副井不能直接延深，可在岩溶裂隙不发育的地段或层位中，或在隔水层中开凿延深下山。延深下山落底后即开凿临时泵房、水仓，进行排水并开凿永久泵房、水仓，然后采取反井施工，接通主、副井。这样做，不仅可以连续生产，而且可以避免主、副井直接下延时，遇到较大岩溶裂隙水，影响继续掘进。

（6）立井开掘的矿井，当立井井底达到设计标高后，还应再打9m以上的水窝，便于矿井一旦淹没，也能用潜水泵排水，以便迅速将大巷积水排干。

（7）大水矿井、风井与副井（管子道）的断面都要留有余地，便于碰到意外淹井后，能在副井或风井增设水泵或管路，以配合主井排水。对于中央并列式通风的风井要考虑有备用管路，以便与副井管路配合排水，加速恢复矿井的进程。

（8）如果一个矿井设有两个泵房排水时，要求两个泵房的高程一致，不宜一高一低，避免突然涌水将低泵房淹没，而高泵房的排水能力又不足，从而招致淹井。

5

第五章 煤矿不同类型水害的防治

第一节 地表水害的防治

一、地表水害防治的重要性

矿井水的主要来源是地表水和大气降水的渗透补给，即使含水层向矿井充水，其最终补给也是大气降水或地表水，充水含水层只不过是它的直接或间接通道罢了。未能接受大气降水和地表水补给或补给量较少的充水含水层，一般是易于疏干的。因此，矿井防治水最重要的一个环节就是防治地表水或大气降水的渗透补给。对于一些强充水含水层防治的着眼点，也应从这方面考虑。

二、地表水害防治工程应注意的主要问题

（1）充分调查当地的地形、地貌条件，编制地形地质图和基岩地形地质图，掌握基岩充水含水层出露及隐伏露头情况，正确确定地表分水岭、充水含水层的补给区，计算评价每一水系或排（防）洪沟渠的汇水面积，结合实际情况，进行矿坑充水条件分析。

（2）掌握不同降水强度下的地表和地下径流模数，一般要根据一定流域范围的岩层条件，进行连续几个水文年的小流域水均衡观测，以便取得实际

资料。通常水利部门拥有比较全面的观测资料。

（3）根据煤层开采的"上三带"理论和导水冒落裂隙带发育高度规律以及开采盆地岩移塌陷规律，确定采动盆地裂缝角影响范围内的含（隔）水层的破坏情况，分析地表水和大气降水的入渗补给条件和范围，结合井上、下实际观测资料，设计地表防治水的具体工程。

（4）要充分利用当地气象资料，根据大气降雨规律及降雨强度，比较准确地预测防（排）洪渠、堤坝、桥涵的瞬时流量，以确定防（排）洪的标准和断面。

（5）掌握和圈定矿区历史最高洪水位的洪水淹及范围，并做好汛期前的调查和汛期中的巡回观察。根据井下当年开采范围的扩大和以往影响地表的规律，分析可能出现的隐蔽古井筒或岩溶漏斗塌陷坑的范围。发现有陷落迹象的，应立即事前加以围堵或填打，即将可能灌水的井筒或塌陷坑口筑墙围起来，以防止洪水灌入，或将井筒塌陷坑口周围表土清理干净，填实空洞后，在坚实的基岩面修筑混凝土盖封闭严密。为了监测深部是否再次抽冒塌陷，应该设置观测管。

（6）根据水利工程的要求，设计沟渠堤坝的抗洪强度和排泄能力。地表防洪的关键是确定设计采用的洪峰流量和水位，要根据当地的气象资料，选定某一频率作为计算洪峰流量的标准。如设计洪峰流量过大，工程投资大，平时不起作用；但如设计洪峰流量过低，又容易失事，无法抗洪。一般应选用20年或30年、50年一遇的标准，对于百年一遇的洪峰另行考虑专门措施。对煤矿地面防治水工程来说，这一原则也基本适合。该工作与矿井涌水量预测评价一样，是地面防治水工程设计的重要参考依据，一般采用概率原理方法解决。

三、危险区的确定和预防

根据以往地面防治水出现的特殊问题，洪水聚集区内如有隐蔽古井筒突然陷落或隐蔽的岩溶陷落时，是最危险有害的，需要认真探查预测和防治。根据以往经验和现有技术装备，具体探测与预防内容主要包括：

（1）根据当地条件事前认真分析隐蔽古井和岩溶漏斗的分布规律，事前圈定危险区，采取相应的截洪、排洪措施和必要的抗灾抢险准备。

（2）要防止矸石、剥离土石方堆积在这种危险区内，增加治理和抢险的难度。

（3）要防止将涵洞或泄洪沟渠修筑在这种危险区内。

（4）根据真空吸蚀原理，可向这些危险区打一定的钻孔，揭露老窑区或岩溶裂隙，避免造成地下水流动出现真空、产生巨大负压、强化塌陷。

（5）打一定钻孔进行地下水动态监测，根据地下水水位升降和相关的补给条件，分析地下可能存在的充水和充气空间。

（6）进行地表物探，查明老窑区和岩溶裂隙分布状况，有条件时可圈定隐蔽古井筒或岩溶漏斗位置，以便进一步查证治理。

四、滑坡泥石流的研究与防治

煤矿区的地表滑坡、泥石流是煤矿地面水害形式之一，它的形成和发展与水有关。这些灾害一旦发生，即可破坏地表水系和防排洪工程，加剧水害的威胁。因此，需要把它们作为地表水害之一，加以研究和治理。所谓滑坡、泥石流，是指在山坡地段，在一定自然条件下，如地层结构、岩性、水文地质和构造展布等特定条件下，因地下水活动、河流冲刷、人工切坡、地震、采空岩移和载体加重等，使大量土体或岩体在重力作用下沿一定的软弱面整体向下滑动的现象。当土体或岩体碎块与山洪一起迅速流动时，就成为泥石流。滑坡和泥石流能迅速改变地形地貌，破坏地表建（构）筑物，阻塞水系沟渠。它往往在雨季时活动加剧，引发不可抗拒的突发性地质灾害。因此，必须事前研究和防范。滑坡有堆积层、黄土、黏土类土质滑坡和岩层滑坡之分；岩层滑坡又可划分为顺层滑坡和切层滑坡；按滑移面的深度，有浅、中、深层滑坡之分；按产生的时间，有新滑坡、古滑坡和死滑坡、活滑坡、暂时稳定滑坡之分；按活动方式，有牵引式和推移式之分，牵引式是下部先牵引，上部滑动，推移式是上部（高处）先动，然后推动下部滑动。观察研究时必须认真区分这些特点，才能加深认识，采取相应的防治措施。

（一）观察研究滑坡要注意的要素

（1）滑体（整个滑坡体）的形状和大小；

（2）滑坡周边的具体位置；

（3）滑坡壁（滑坡体与未滑动岩体或土体的破裂壁）；

（4）滑坡台阶，整个滑坡体因滑动速度差异可形成不同的台阶，反坡台阶往往是积水洼池；

（5）滑动面调查，它的发育往往与构造、层理、软弱层、黏土层等结构面有关；

（6）滑动带，是指滑面以上受滑动揉皱的岩（土）层带；

（7）滑坡床，是指依附滑坡体的下伏不动体；

（8）主滑线，是指下滑速度最快的纵向线，代表滑动方向，可以是直线，也可以是曲线；

（9）拉张缝，是指与不动体拉开的缝或滑体内速度不同拉开的缝；

（10）剪切缝，是指滑体中部和两侧相对于不动体分界处形成的剪切裂缝；

（11）鼓张缝，是指下部受阻滑体鼓起形成的张裂缝；

（12）扇形张裂缝，是指滑舌部分到下部开阔扩展地带，向两侧扩张形成的基本平行滑动方向的放射状裂缝；

（13）滑坡舌，是指滑坡的前沿部分；

（14）封闭洼地，是指滑体移动后形成的洼地，易积水，可强化滑坡活动。

观察并描述上述形态和要素是研究滑坡的第一步。

（二）形成滑坡的一般原因和条件

（1）地貌：斜坡形态，地层结构又属软硬层相间交互，倾角又在20°以上；对于风化破碎的堆积物，其坡度在40°以上；含块石多的河岸，其坡度在25°以上；孤立凸出的山包，基岩面洼槽状并向低处倾斜或微倾。

（2）岩层有属页岩、泥灰岩、云母片岩、滑石片岩及易风化、遇水膨胀的黏土组成的地层，层理发育，层面光滑易为地表水入渗。

（3）构造有断层面、节理面、褶皱两翼倾余或不整合面，且向临空面倾斜，倾角又较陡。

（4）气候：寒热干湿变化大，易于降低岩石强度和稳定性，风化破碎速度快。

（5）地表水、地下水作用：使土体岩体容量加大、软化，受到溶蚀、冲沟，润滑层面及其他软弱结构面，水的静压和流动压力、水在裂隙中的冻胀和冲刷等均影响其稳定性。

（6）人为因素：破坏植被，开挖切坡，引水渗漏，爆破和机械振动，堆积载体增加负荷，采空岩移等。

（7）地震：引起山体开裂和震动，对滑坡、泥石流的防治首先要从战略上着眼，做好观察分析，并作出预测报告，认识古滑坡和可能形成新滑坡的条件，圈定应予注意的地点和范围。

3.防治措施

（1）不在古滑坡和可能形成新滑坡的地点兴建工程建筑。

（2）不在易形成滑坡的岩体上堆积矸石、剥离的土方，增加其负荷量。

（3）兴建工程建筑时做好工程地质和水文地质勘察，设计上要防止开挖可能诱发滑坡的沟渠或阻塞某些沟渠，引起地表水或地下水径流方向的改变。

（4）采矿时要运用开采沉陷的岩移规律，尽可能避免形成与滑坡方向一致的岩移；根据具体条件在矿井划分、开拓水平和采区划分上进行有针对性的安排，使沉陷盆地的形成和采动岩移朝着不利于滑坡的方向发展。

对于已经出现的滑坡，应采取以下措施：在滑坡体外围修筑截水沟、排洪沟，使地表水不流入滑坡体或渗入滑坡体；开挖疏水隧道，疏干加剧滑坡体活动的地下水；修筑抗滑墙、抗滑桩，取土减重，维持应力平衡；注浆固化或爆破扰动，改变滑动方向；设置观测点进行长期监测；如为深滑坡则需钻探工作，查明深部情况，采取相应的防治对策。

第二节 老窑水害的防治

一、防治老窑水的必要性

积存在煤层采空区和废井巷中的水，尤其是年代久远缺乏足够资料的这种老窑积水，是煤矿生产建设中最危险的水患之一。虽然老窑水一般积存量较小，只有几吨或几十吨，但一旦意外接近或溃出，往往造成人身伤亡并摧毁溃水所流经的井巷工程，造成巨大的经济损失。

老窑积水水害，不仅在老窑或地方小井多的矿井存在，在国有大型煤矿自采自掘的废巷老塘，由于种种原因在本该无水的地点也意外积存了或多或少的水体，它们的意外溃出也会伤人毁物。因此，所有地下开采的矿井，不分东南西北和水文地质条件的异同，均会遇到老窑水害问题。根据以往防治老窑积水的经验和教训，对这类水害的主要防治对策就是要严格执行探放水制度，以根除水患。在特定条件下可先隔后放，如老窑水与地表水体或强充水含水层存在密切的水力联系，探放后可能给矿区带来长期的排水负担和相应的突水危险时，则可先行隔离，留待矿井后期处理，但隔离煤柱留设必须绝对可靠，并注意沿煤层顶、底板岩层的裂隙水绕流问题。

二、老窑水防治的技术思路

防治老窑积水要解决好以下七个方面的问题：

（一）克服麻痹侥幸心理，避免疏忽大意

由于老窑积水的分布规律不易掌握，又带有灾害的特点，一旦警惕不高，很简单的问题也会酿成惨痛的水害事故。因此，必须采取严肃慎重和

一丝不苟的工作态度，坚持"全面分析，逐头逐面排查，多找疑点，有疑必探"的基本原则。老窑水害严重矿区的防治经验是：

（1）人员再紧，探放水工作必须专人负责；

（2）有疑必探，采掘工程没有把握必须探水，如探水工作影响了采掘工程，可采取其他补救措施，但绝不能放松这一工作；

（3）老窑水小也不可大意，应严格按照规章制度施工，把水放出来才可生产。

下面以两个典型事件为例，说明克服侥幸心理、没有把握就坚决执行探水制度的重要性。

×矿×井开采浅部十层煤，煤厚1.5～1.8m，大片老窑积水已经探放出来。当进入老窑区回收残留煤时，发现一块见方30余m的煤柱，根据对其四周的观察，确无积水，且上距20m的九层煤也已探明并已回收了残煤，证明确无积水。但在该煤柱的一壁，局部地方却有发潮现象。当时普遍认为该地区煤层距地表仅60m，地面又正是排水沟，是水沟积水沿风化和采动裂隙下渗造成煤壁发潮的，周围巷道比较潮湿就是证明。30余m一块见方的小煤柱内绝不可能存在老窑积水的威胁，不必大惊小怪。但分工探放水的专职工作人员总是放心不下，多方想疑点，最后提出一个怀疑，即这块小煤柱里是否有上部九层煤向下做的"窝口"呢？即近距离煤层是否存在向下或向上探明相邻煤层情况的小硐子呢？老窑开采往往存在这种情况。若有这种"窝口"积几十吨水，它的突然溃出也会对矿井造成威胁。当时探与不探争论很大，但由于该矿坚持了上述三条经验和基本原则，矿上主要领导思想坚定，最后打钻探水。结果竟放出200余吨老窑积水。放水后经过观察，发现原来煤柱里有一个60余m深的古井筒，上部已严重坍塌，下部都空着，看来这是古人掏井当时刚采十层煤，井口便发生变故不能维护而报废，因年代久远，地表已无井筒痕迹，但下部存在一个孤零零的隐蔽水柱，水压高度达0.3MPa。如有工作人员在附近作业，积水突然溃出，显然会造成人身伤亡事故。

另有一个矿，需从九层煤打一反上山石门透七层煤。据调查资料显示，石门透煤点以外100余m处存在老窑积水。两煤层间距33m，设计反上山石门倾角23°，斜长85m。为了"以防万一"，规定在上山掘过60m、垂距七煤12m左右的位置，超前打钻探水。但当上山前进到55m处，发现顶板砂岩有淋水。是否立即停止前进打钻探水？争论很大，大家普遍认为，迎头层位正常，正是七煤底板13～14m的砂岩底面，砂岩裂隙有点淋水是正常现象，应该按原设计前进至60m的位置再打钻，因积水范围在预定透煤点以外还有100多m呢，原位置探水不过是"以防万一"罢了，何必"以防万一"后又来个"以防万一"呢？现在就开始探水，钻孔长，工程量大，边探边掘，重复按钻次数增多，既影响生产开拓，又无实际必要。但分管探放水的工作人员认为，砂岩淋水虽是正常现象，但此处淋水水量较大。是否临近老窑积水的表现呢？另外，迟早也得要探水，提前探一下不是更保险了吗？矿领导也根据"有疑必探"和"没有把握就探"的基本原则，同意打钻探水的意见，结果第一个探水钻孔仅过10.6m就透老窑，放出积水62000余吨。事后查明，在该迎头前面4m多处，分布一落差9m的正断层，对盘七层煤已下降到迎头跟，积水垂距迎头仅2m。显然，一次难以估量损失的重大透水事故在"以防万一"之后再来一个"以防万一"的慎重工作态度下，得以避免。

（二）认真分析老窑积水的调查资料

老窑和地方小煤矿开采的积水范围，由于缺乏准确的测绘资料，是老窑水防治难度大且易于发生水害的主要原因。即使是自采自掘有准确测绘资料的国有矿山的老塘废巷积水，也存在巷道长度记录不准、漏记小盲洞、意外冒顶阻水、下层采动沉陷重新积水等情况。因此，对老窑积水调查资料的系统分析和正确使用，是防治这类水害事故的一个重要关键环节。当然，今后不论大井、小井，只要地下掘进采煤，就必须要求积累准确系统的测绘资料，并做好校对审核工作，标明填图测绘日期，长期存档保管，这些是今后治理此类水害事故的基础。这一点必须引起各级煤矿生产管理部门的高度重视，把它作为一项安全战略措施来抓，防止继续忽视"准确测绘填图"而遗留后患。

对老窑积水资料的调查，一定要严肃认真，深入细致，确切地加以记录，并且反复分析核实，判别可靠程度，指出疑点和问题。最后，必须依据资料的可靠程度，本着"留有余地，以防万一"的原则，在有关图纸上圈出积水线，积水线外推50～150m划定探水线，采掘工程进入探水线必须超前探水，对于大片积水区，必要时还要沿探水线外推50～100m，作为警戒线。采掘工程进入警戒线，必须朝不同方向打警戒性探孔，初步控制层位、构造和积水的可能性。对于有测绘资料作依据的积水区，也要划定积水线，外推30～60m圈出探水线。上述资料和"三线"，如同水文地质勘探资料，要经过逐级审定，然后作为老窑积水防治的依据。

对老窑水调查资料不慎重确定"三线"，并不明确标定在有关图纸上，往往会造成严重失误。但即使有了资料和"三线"分布图，应用时仍要随时警惕，不能绝对化、盲目自信，而要根据现场的新情况，及时重新分析判断或补充调查。

另有一矿曾发生这样一起水害：一片老窑积水已经探放，经过一个雨季的检验也没有问题，无地表水渗漏现象。于是就布置了巷道进入老窑区开采残留煤炭，但有一日却突然发现井下有害气体迅速超限，同时溃出一股积水，淹没了已恢复的巷道和泵房，有两人被有害气体窒息未能脱险，其他人员迅速撤出，避免了一起重大伤亡事故。事后查明，由于这片老窑区与相邻的另一老窑之间的矿界煤柱太薄，老窑积水放出后，与其相邻的老窑积水对于矿界煤柱的压力相对加大，因强度不够而发生突然溃破。

许多实例说明，老窑积水的调查一定要全面，记录要清楚，有多少线索尽量访问多少，并且要询问清楚被访对象在现场的起止年月，当时的工种和现场情况，以便仔细分析和相互对证。对于老图纸，一定要注意核定成图或填图的截止时间，充分估计有关误差。即使资料被认为相当可靠，使用时也要随时警惕，不能绝对化。一般来说，老窑积水调查时，要特别注意以下六点：

（1）井口的确切位置、井深和开采层别。有无"窝口"或"暗井""反上（下）山石门或穿层石门"、由于断层对接原因而开采相邻的其他煤层等，要防止"张冠李戴"把井位弄错。

（2）煤厚和煤层特征，确切判定实际开采层别，防止把老窑积水圈错层。

（3）井巷开拓方向，前进距离，确定开采范围，画出示意图，作出详细记录，说明分析审核意见，指出不清楚的疑点，引起利用资料者的注意。

（4）积水量和水位标高，老窑之间或同一老窑各片积水之间隔水煤柱的宽度及上下层的重叠情况。

（5）积水区与上下煤层充水含水层之间的关系，与地表建筑物及河沟洼地之间的关系，断层及岩浆岩分布和积水被切割位移情况。

（6）积水区区域的正常涌水量、最大涌水量，补给水源和水质情况。

（三）制定合理有效的防治对策

老窑和地方矿井多为复杂的矿区，分管安全的领导和技术负责人要用相当的精力来千方百计地了解掌握本矿井周围的老窑积水分布情况、各片积水与本矿井备采区之间的隔离情况。要组织有关人员编制有关图件，全盘安排开拓部署和采掘工程。简单地讲，老窑积水的主要防治方法就是"探放"。但放与不放？何时探放？怎样探放？这些均是很值得探讨研究的课题，需要从安全生产的全局出发，根据矿井和老窑积水的具体条件，权衡利弊，作出战略性决策和安排。具体包括以下四个方面：

（1）当老窑积水与地表水、强充水含水层存在水力联系且有较大的经常性补给水量时，应防止绕流和渗漏，采取"先隔后放"的策略，避开地表水和强充水含水层的威胁，留待矿区后期处理，以减轻矿井长期的排水负担。留设的防隔水煤柱要适当加大，绝对可靠，并在整体开拓部署上创造今后合理回收的有利条件。

（2）在必须采用探放水方法才能查明老窑积水条件的情况下，应该清楚地意识到，探放水的区域就是危险区域。因此，必须全盘考虑设置水闸门（墙）、安全撤入通道和通向地面的两个以上安全出口，考虑流水和排放瓦斯的具体路线与措施；加强和维护排水系统，以保证足够的排水能力；确定适当的放水量和放水时间，以避开雨季和其他原因形成的矿井涌水高峰期；

加强地面防洪，防止隐蔽古井筒或采动裂隙突然塌陷灌水；预计地表可能出现的沉陷裂缝情况，分析对建筑物的影响等。

（3）因地制宜，提出科学合理和确保安全的探放水设计。井巷工程和采区设计要从有利于探放水角度考虑，对水量大、水头高的积水区，一定要设计采用隔离式的探放水措施，在专用的石门硐室、地面或井下打穿层钻孔至积水区，利用专用流水巷放水，等把大部分积水放出、水头降低之后，再沿煤层探放残留的小片积水。隔离式放水必须有足够的岩柱，有防止冲刷扩大和控制水量的具体措施，安装套管、水门时，要根据水质情况制定防腐措施。远探远放，这是防止此类水害事故的一个战略原则。

（4）在全面了解和掌握老窑积水周围情况的基础上，制定具体措施及时了解周围的采掘工程与积水区关系的变化，抓住重点，既警惕近处又要防止远处水害的出现。

（四）严密组织探水掘进

老窑积水有分散、孤立和隐蔽的特点，水体的空间分布几何形态非常复杂，往往很不确切。防治它们的唯一有效手段就是探水掘进。在有足够帮距、超前距和控制密度的钻孔掩护下，掘进巷道逐步接近它，最后达到发现的目的。然后，利用钻孔将老窑积水放出来。但是，如果意外接近它们，老窑水的突然溃出就会酿成水害事故。

根据积水层的赋存条件和采掘巷道的相互关系，探水钻孔必须在巷道的前方、两帮和顶、底都有布置，保证有足够的掩护距离和密度，防止从探水钻孔之间漏过老窑。规程规定：超前距一般是10～20m，帮距10～15m，超前掩护的扇面形钻孔，终孔间距在平面上不大于3m，厚煤层在剖面上不大于1.5m。在规程规定的基础上，各矿务局根据具体的探水水量大小和水压高低，均规定了不同的超前距和帮距。钻孔密度在警戒性探水掘进时不受此限制，但主要是针对在怀疑方向钻探搜索性的长孔。在正规探水掘进时，必须严格按规定办。探水孔之间如用物探手段证实无老窑，资料确信可靠，探水孔密度可适当放宽。

探水掘进应该注意以下五个方面：

（1）探水眼的方位、倾角、深度要验收，保证准确无误，连同钻孔穿过煤层或顶、底板岩层的深度和长度，准确地填绘在大比例尺的探水图上（1：200或1：500），并分析漏失老硐子的可能性。这些可作为批准探水巷道前进的方位和允许前进距离的依据。掘进时，方位和距离要经常检查和丈量，防止偏离和超过。

（2）探水眼要安装套管和水门，钻进前都要进行耐压试验，防止失效，保证一旦探透积水可有效控制。

（3）探水迎头及顶、帮必须加强支护，钻机必须安装牢固。

（4）探水地点有安全撤入的避灾路线，有向受其威胁的相邻地点发出警报信号的装置，有定期检查有害气体的制度。

（5）有安全操作规程，规定所有应注意的事项。

（五）特别注意近探近放和贯通积水巷道或积水区

当积水位置很明确或通过"探水掘进"确已接近积水并进行近距离探放水时，有些问题需要特别注意。情况复杂的积水就在身边，稍有不慎，水害立即可能发生。许多水害案例表明，近探近放积水和贯通积水巷极不安全，必须确保积水及煤泥浆确已放尽才行。发现近距离探到积水，必须迅速加固钻孔周围及巷道顶帮，另选安全地点，在较远处打孔放水或扫孔冲淤，通捣清淤时要制定防钻孔刷大、突然来压顶出钻杆等安全措施。在老窑边缘，积水形状是变化多端、极不规则的，硐子或宽或窄，或高或低，可能留顶撇底，左右拐弯或多条硐子交错，可能局部冒落阻水或积存淤泥，使积水始终放不尽或重新积水。因此，在掘透老窑区时，必须在放水孔周围补打钻孔，保证在平面和剖面上不漏掉积水硐子，各钻孔都能保证进出风，证明确无积水和有害气体后，方可沿钻孔标高以上掘透。

（六）重视自采自掘采空区废巷积水的探放

这是一个普遍问题，千万不能认为资料相对可靠，就掉以轻心，必须做到以下三个方面：

（1）对原不积水的区域要分析重新积水的条件和可能，经常圈定积水区。

（2）要分析测绘精度和误差，注意可能少填、漏填的硐子。

（3）不过分自信，盲目进行近探近放。

（七）钻、物探结合问题

老窑水的探放，工作量很大，尤其是探水掘进，确实耗工耗时，应该积极采用物探手段，帮助圈定积水区，减少超前探水的工作量，开展探水孔顶端的孔间透视，以减少钻孔密度。但是，钻、物探结合，必须以钻探为主，物探资料要有钻孔验证。

三、老空水防治

（一）老空水的赋存

老空水的赋存，规律不易掌握却带有灾难性特点，隐蔽的三五吨积水也可造成人身伤亡，水量一大毁灭性更强。对这种水主要的防治措施是万无一失严密地进行探放水，没有别的捷径可走。淄博鉴于老空水患的严重，从20世纪50年代开始，自党委到行政对技术管理就有这样三条要求：人员再紧，探放水工作必须有专负责；有疑必探，存有疑点没有把握的采掘地点必须严密探水；探水影响采掘工程的进展，采取其他措施补救。水小也不大意，哪怕只有一吨老空水，也要严格按制度施工，确实把水探放出来才能生产。

（二）正确处理老空积水资料的调查和利用问题

古井和许多小窑的采掘区，积水范围往往没有精确的测绘资料，是老空水防治难度大的主要原因，即使是自采自掘有精确测绘资料的本井老塘废巷，也往往存在少测巷道长度，漏填小盲硐，以及漏绘巷道冒顶阻水、下层采动沉降重新积水等情况。因此，定期对老空积水资料做调查核实，是防治这类水害的一个关键环节。

根据矿区煤层赋存和古井小窑的生产特点有专门的调查登记表，内容系统全面，便于复核分析。依据调查资料，组织有关人员审核讨论，判别可靠程度，本着"留有余地，以防万一"的原则编制老空积水图，在图上圈出积水线，积水线外推50～150m（据资料可靠程度定）划定探水线，今后采掘工程进入这一界线就必须按规定密度、超前距和帮距严格进行"探水掘进"；对于有疑虑的大片积水区必要时还沿探水线外推50～150m圈定警戒线，采掘工程进入警戒线要进一步查对资料并向警戒方向打深孔，控制层位、构造和积水的可能性。对于有精确测绘资料的本井积水区或积水巷道，也划定积水线，外推30～60m圈定探水线。上述调查资料表，连同审查核定的结论（资料可靠程度、疑点或问题）和圈定的"三线"如同水文地质勘探资料，经过逐级审批后作为防治水的依据，其中"老空积水图"则要根据采掘工程和探放水工作以及新发现的情况每年补充修改一次报上级部门备案。老空积水调查资料，不慎重确定"三线"并明确标定在有关生产用图上，往往会造成严重失误。但即使有了资料和"三线"，利用时仍要依据现场的新情况及时分析判断修改探放水设计。

（三）了解积水分布、水位、水质及周围水力联系状况以解决有效防治问题

在有老空水严重威胁的矿区，矿井领导尤其是技术负责人和地质测绘工程师必须用相当的精力来通盘了解和掌握老空水的空间分布及其穿连情况，做到"成竹在胸"。采掘工程的安排必须给安全处理老空水害创造条件，否则，往往顾此失彼造成被动。

放老空水，要克服盲目性，做到全面了解积水区情况，周到地加以安排，一个环节上考虑不周就会造成被动。诸如：

（1）放老空区的大量积水，必须避开雨季，不能使矿井雨季排水负担过重。

（2）没有把握的老空区一定要经过雨季和相邻积水水压的考验，不能贸然掘透。

（3）要充分了解和注意放水后地表可能出现的变化，对可能出现古井筒、岩溶漏斗的洼地河沟要事先铺防漏河床，一旦出现险情要有避免险区扩大、便于抢救的措施。

（4）要充分注意老空酸性水对套管水门及井下其他设备的腐蚀。

（5）对有大量酸性水涌出的老空，要权衡利弊，尽可能暂时隔离，留待矿井后期处理，避免长期排酸性水造成经济不合理。

（6）对积水量大的老空区，一定要设法采用隔离式的探放水措施（在石门巷道或隔有岩柱的其他煤层内先探放其大部积水），待大部分水量放出，水压降低后，再沿煤层探放其残留的小片积水。

鉴于当前大井与小井同时发展、相互错综开采，很有必要设置统一的安全检查站，监督了解各井的实际情况，分析水、火、瓦斯相互影响危害的程度。水患矿井必须有可供人员步行撤出的斜井或立井梯子间，上、下山应双巷掘进，并及时横贯，使之能同时行人。这次如果没有这第二条，后果就不堪设想。井底大门最低区，要考虑必要的绕道，其标高应满足大门及有关通道被堵塞后，人员能绕道通向其他出口。不论大井或小井的技术负责人，必须通盘了解和掌握周围老空积水和采掘情况，警惕远处来的水害，不能"坐井观天"，只注意自己鼻子尖下的事。

（四）把好"探水掘进"关

防治老空水方法比较简单，主要是严密地组织"探水掘进"，即在靠近探水线的巷道迎头，根据老空水的空间关系制定专门设计，布置放射状而有一定密度的钻孔，保留规定的超前距和帮距，掩护掘进巷道去接近积水区并最终探到积水将其放尽。但要真正做好，并不容易，必须把好其中的七个环节。

（1）探水眼的密度要保证不会漏过老硐子。要求批准的掘进位置掩护眼的间距不能大于3m，我们曾经出现间距大于3m而漏过老硐子的事件。为了做到这一条，一方面要适当加密探水眼，另一方面要尽量打深孔，通过正确标定每一个探水孔的方位、深度和见煤层、岩石情况，制作好探水图以便进行分析，充分利用历次探水眼见煤段，使密度、超前距、帮距达到设计要求。

（2）超前距和帮距要能有效地防止老硐子意外接近掘进迎头而出水。根据煤层厚薄、煤质硬度、水压高低，各矿区都应有自己的经验数据和规定，批准掘进时，帮距和超前距要用准确的探水图分析确定，切实加以保证。同时，施工中要注意防止掘进巷道偏离探水中线而造成一侧帮距加大而另一侧偏小的情况。

（3）禁止使用钎子探水。由于风钻或电钻钎子只能探3～4m、掘1～2m，没有安全的超前距和帮距，而且不能使用套管、水门等安全防水装置，能使掘进迎头近距离接近积水，一旦有水则会沿钎子眼冲刷，反而造成出水。

（4）孔口安全套管水门要切实加固，能有效地控制放水。凡是探水必须使用孔口安全套管水门，并且要实际进行压水检查，达到一定压力不漏水才合格。对酸性强的老空水来说，还应使用由耐酸材料（铜或不锈钢）制作的套管水门。要切实注意防止相邻探水孔（在开孔段间隔太小）窜水现象的发生。一旦发现，应严密封闭。同时，为防止窜水，探水眼开孔位置应上下错开。钻进中发现套管漏水，要立即加固，防止水沿套管外壁间隙流动，冲刷煤壁造成套管失效。

（5）要切实加固探水迎头及顶帮。因为一旦探到积水，高压水即可沿钻孔到达套管顶端。这时，煤层及其顶底板裂隙节理将受到水头压力的强大作用，使巷道四周围岩突然来压，发生冒顶、片帮而突水。某矿向十层煤开拓的东大巷石门在岩石内探水，都出现过此类现象。沿煤层探水，水压高时更易出现危险。

（6）钻机安装要绝对牢固。探到积水，一般首先要用钻机控制钻杆在孔内不动，使积水不能大量喷出，并立即检查加固迎头顶帮及套管、水门，认为安全后，方可徐徐抽出钻杆。抽钻后，发现孔口不能有效控制放水或钻孔被堵不再流水时，需要立即用钻杆通捅或顶入塞子止水。在采取这些关键保安措施时，如果钻机安装不牢固，往往会出现意外。

（7）根据现场条件，认真考虑安排相关的安全措施，如：安排有关人员的避灾路线，接通受威胁区的警铃信号，清理流水路线将水引向指定的排水水仓或废弃的老塘井巷（将水暂时蓄存起来），防止探水地点瓦斯积聚或喷出，等等。为了保证探水掘进这七个环节的落实，要严格坚持一系列探放水制度，包括：探水钻孔认真记录制；探水钻孔验收制；填制探水图，分析审查探水孔密度、超前距、帮距，严格审批探水后允许的掘进距离；探水迎头允许掘进范围的挂牌制和检查制；防止偏离探水中线或超过掘进距离；安全套管检查试压制；探水迎头定期安全检查和汇报制；有害气体定时检查制。

第三节　松散孔隙水害的防治

一、主要研究内容

查清条件是主要的研究内容之一。除查明一般条件外，具体工程地点（如立井筒、斜井、上回风道位置、采区、采煤工作面等）也必须具体查明，如研究区的松散沉积层的结构和厚度、松散沉积物之下基岩的结构和厚度以及两者之间的接触关系等。由于原始基岩风化面的高低起伏不平，具有不同的产状，甚至被断层带切割位移，要具体查明其接触关系，难度确实很大。当松散沉积物沉积较厚时，由于地层松软、胶结不良，钻探取芯困难，加之地层相变快，要查明松散层的结构、层厚和平面上的展布规律也不容易，但为了有效地防治矿片松散孔隙地下水，必须千方百计地查明它。

二、查明条件的主要方法手段

（1）在煤田地质勘探阶段，按照规范规定，必须达到一定密度的勘探钻孔。这些地质孔都必须穿过新生代地层，因此，在这个阶段加强新生代松散沉积地层的研究，可取得很好的成果。各类充水矿床被厚层松散沉积物覆盖时，应在松散地层中划分出含水层与隔水层，着重研究其底部含（隔）水层的厚度、富水性（隔水性）及其分布规律等，并研究松散含水层与地表水体、基岩充水含水层之间的水力联系，评价其对矿井开采的影响。对孔隙充水矿床，应进行地表水体调查及长期观测，了解其与直接充水的新生代松散含水层之间的水力联系；利用钻孔取芯与测井资料，配合地面物探，查明含（隔）水层的岩性、厚度及其变化规律情况；利用水文地质钻孔，结合部分地质勘探钻孔，编制水文地质剖面图；进行抽水试验，采取岩芯土样进行颗料分析和物理力学试验以及水理性质试验等。同时，查明直接充水含水层的富水性及其变化情况，查明与开采有关岩层的物理力学和水理性质，编制基岩地形、地质图，明确基岩充水含水层隐伏露头与上覆松散孔隙含水层之间的接触关系。从矿井防治水的查明条件角度来看，在地质勘探阶段必须注意以下五个方面的工作：

①要充分利用地质勘探钻孔，切实取好松散沉积层的岩芯。目前，绳索取芯技术已发展起来，对松散地层最好利用绳索取芯技术，以提高岩芯采取率，做好岩芯观察描述，岩（土）样颗粒分析和水理性质试验，防止无芯钻进。

②切实做好地质勘探孔在松散地层钻进过程中的简易水文观测，特别是漏失量和泥浆消耗量的观测，要利用全孔结束最后提套管的机会，针对含（隔）水层，分层逐段上提套管，进行洗孔和压水试验，准确获取合（隔）水层的水文地质参数。徐州矿务局在新河煤矿二号井进行松散沉积层的生产补勘孔钻进过程中，采用压水试验法较理想地获取了隔水层的隔水性能、含水层的稳定水位、抬高水头后的注水量、单位注水量和渗透系数、影响半径等水文地质数据，有效地指导了河下采煤的生产实践，这是一种可取的简便易行的水文地质试验方法。

③在利用地质勘探孔较普遍取得压（抽）水试验资料的基础上，有针对性地布置大口径抽水试验孔，进行单孔和群孔大流量抽水，以解决疏水量和各充水含水层之间水力联系的评价问题。这一工作在勘探阶段进行效果比较

好，可以保留这些大口径钻孔作为生产阶段的防治水工程孔，对今后有用的观测孔也可以保留，这可以有效地节约大量的防治水工程费用。

④地面物探对控制基岩的断层和界面比较有效，在勘探阶段就应加密测点和测线，解决好基岩面的起伏和断裂切割情况的勘探问题。

⑤勘探阶段不仅要对厚层松散沉积层覆盖的矿床做好上述"查条件"的勘探工作，对于松散沉积层厚度薄、范围小的这类矿床也应认真做好工作。因为对每一个矿井而言，这一地层是吸收地表和大气降水、储存补给基岩充水含水层和矿井的关键层，也可能是切断上述补给的关键层，对矿井的充水条件起着重要的控制作用。

（2）针对防治水工程需要，除充分利用上述勘探阶段的资料外，必要时还要补做具有针对性的"查条件"工作。这与每个矿区或矿井的开拓部署和具体的水文地质条件有关，与选择的防治水方案也有关。例如：

①以留设防隔水煤岩柱为例，"查条件"要针对：松散沉积层底部是否沉积有隔水层，所留岩柱的岩性、厚度、力学强度和隔水性能，底部隔水层是否存在"天窗"，天窗的范围和可能的进水量等。

②以疏水降压或疏干为手段和目的时，"查条件"要针对：下部含水层、下部隔水层、中部隔水层和上部含水层相互之间的越流补给条件，重点解决与疏干有关的边界条件、补给量和疏干水量评价问题。

（3）如果条件相对清楚，可以采取"以治带查""查治结合"的方针进行，这样可取得经济节约、快速见效的效果。新生界地层都直接展布在地表，其分布范围与周边的接触关系比较清楚直观，其厚度和结构可以通过勘探钻孔确定，其资料相对易于掌握。至于其中各分层的相变和底面的起伏状况等要确切掌握，工作量也是很大的，但有时并非完全必要。

三、松散沉积层防水煤岩柱留设与压煤开采的观（监）测

如果地下水补给极充沛或其他原因，难以经济合理地疏（降）干或封堵截流，就必须像对待巨大的上覆水体一样，按照水体下采煤的要求，采取留设防隔水煤岩柱的防治水方法。关于水体下采煤的安全煤岩柱设计方法及冒

落带和导水裂隙带高度的预测计算方法。关键是如何根据这些历史经验和资料的总结，再进行适当的补充观测研究，解决在具体条件下的水体下安全采煤问题。根据目前的发展，这类研究应该包括以下主要内容和方法：

（1）在规定采动部位打地面钻孔，直接观测导水裂隙带的漏失量变化和冒落带的高度。

（2）在相应的安全部位打钻取芯，对防塌煤岩柱进行物理力学性质测试和应力应变情况的检测。

（3）在井下向上打钻，用双端堵水器测定采前、采后漏水量，经过对比分析，确定导水裂隙带的发育高度。其优点是在井下施工，不受地面农田、地形条件的限制，工作量小，适应性强，可在任何角度的仰、俯孔中观测，直接测取分段注水量。它比差值计算法精度高，孔内仅局部孔段充水，注水时间短、效率高，所测深度连续，可比性强，可以同孔位采前采后（重新扫孔）对比观测，资料可靠。该方法存在的主要问题是：如果煤厚大，导水裂隙带发育高，向上的钻孔深度大，施工有一定难度。在这种情况下，应考虑用相邻的标高较高的巷道施工观测孔，或打一段专用观测巷道。

（4）进行水体下采煤，采区或矿井涌水量的预测和监测研究是一个很重要的问题，它可为评价矿井开采工作的经济合理性和安全程度提供科学依据。对于水体下采煤，要根据煤岩柱留设计算和涌水量预测结果，采用下列原则，统筹考虑，权衡利弊，最后再作出决策和安排：

（1）根据规程，煤层可以开采或试采，但如预测矿井涌水量较大，无疑将加重矿井长期排水负担。这时要权衡利弊，将上回风道按上限开拓后，实际回采水平放到能减少渗漏或无渗漏水的标高（第二或第三阶段），先期开采，其他留待矿井后期处理。

（2）根据上覆水体类型、地点、水文地质和开采技术条件，可适当改变采煤方法，如采取条采、串采或充填开采。主要可采取的开采技术措施如下：

①采用倾斜分层长壁开采法，以减少第一、第二分层采厚，增加分层的间歇时间。

②对于急倾斜煤层采用小阶段间歇回采，加大走向回采长度，第一、第二小阶段的垂高应小于其他小阶段。

③搞好工作面正规循环作业，保证工作面匀速快速推进，防止顶板隔水层超前断裂，或使工作面微倾斜或仰斜推进。

④先采条件简单区，取得经验后再采复杂区。

⑤根据需要留好断层煤柱，设置防水闸门（墙），扩大排水能力，建立备用水仓或储水区。

⑥在基岩面起伏变化大的地区，要标明其标高，较准确地掌握实际煤（岩）柱厚度。

⑦加强矿井涌水量、地表水位动态观测，安排相应的安全避灾路线和警铃信号。

⑧分析预测可能突水的通道，采取相应的措施。在新生界松散沉积层覆盖较厚的矿区，由于矿区大量疏排和地下水资源不合理地大规模开发利用，矿区地下水水位普遍大幅度下降，故诱发了地面沉降。地面下沉对井筒周壁产生摩擦，增加了对井筒的压力，造成在松散沉积层与基岩接触部位的（或其他软硬交替部位）应力集中，导致井筒破坏，出现井壁剥落，钢筋露出甚至弯曲，严重时会出现漏水漏砂、筒径缩小、梯子梁间距压缩或拉伸等现象，影响了井筒装备的安全和井筒的正常运行。

这个问题应该引起新生界松散沉积层厚度较大矿区的重视，特别是对其采取疏（降）干措施的矿井。在建井期间，就应考虑相应的措施，提高施工质量。在生产阶段，特别在疏（降）干期，要建立健全地下水水位动态变化、井筒附近地表沉陷和井筒特别部位应力状态的监测制度。对已出现问题的矿井，目前采取的主要措施是全段安装井圈，壁内注浆加固封闭。今后在建井设计上就应考虑有关部位，提高井壁强度。

第四节 煤层顶板水害的防治

一、基本经验

煤矿床是层状矿体,在平面上展布面积较大,在剖面上煤层与多个充水含水层互层沉积,相间赋存。有的煤层直接顶板就是充水含水层,有的顶板以上不远处分布着充水含水层,有的含水层距煤层顶板虽然较远,但采动导水裂隙或井巷掘凿必须穿过它才能到达所要开采的煤层。充水含水层的充水能力大小直接关系到煤层开采的可能性和其经济合理性,如想减少涌水量达到经济合理开采,则必须采取防治措施。

减少矿井补给量,对某些间接充水含水层则要设法永久封闭。对于这类充水含水层的研究必须具体、详尽、确切,由于它分布在可采煤层的露头范围之内,有利于井上、井下结合防治,较底板充水含水层易于实现上述要求。我国煤矿水文地质工作者经过多年的艰苦摸索,虽然付出了一定代价,但对这一类充水含水层的研究防治也积累了丰富的经验和方法,并在全国各水害严重煤矿区基本得到了统一的认识。

(1)对这类充水含水层,凡煤层采动导水裂隙带范围以外的,必须事前封堵。因此,在这类工作基础上,发展并完善了立井预注浆、工作面预注浆、斜井工作面预注浆和井筒壁后注浆等技术。

(2)对可采煤层直接顶板或导水裂隙带涉及的充水含水层,必须坚决疏放。在这类工作基础上,建立并完善了以下技术:首先用石门接近充水含水层,水量大者在石门内适当地点修筑安全水闸门,在留有足够岩柱的条件下在石门内用钻孔群引放含水层的水,以孔口水门控制放水量,确切查明含水层的富水性和疏干范围等;情况复杂者,采用放水试验和地下水长期动态观察等方法，查明地下水补给条件和通道，然后在地面或井下实施帷幕注浆截堵补给水源，以减少矿井涌水量。

（3）如发现在煤田范围内存在各类勘探钻孔，用黏土浆或水泥砂浆封孔。但由于地下水的流动可以稀释黏土和水泥，或者由于水泥和砂子的比重不同而导致它们的漂浮性不一，在孔内水泥与砂子分离，封孔后一段砂子一段水泥，失去了封孔的作用，或者由于套管止水失效或被腐蚀，使钻孔导通上、下充水含水层。这些人为作用使矿井水文地质条件复杂化，使煤层顶板（当然也包括底板）充水含水层涌水量加大，从而使各类钻孔成为沟通多层充水含水层水力联系的人为导水通道，诱发矿井的突水。为了防治这类水害事故，形成了一套完整有效的地面启封或井下封堵钻孔高压水的技术。

（4）由于煤层顶板直接充水含水层本身渗透性较差，富水性极不均匀，往往难以一次性大面积疏干，即使分散放水，其水量也十分有限。但在某些特定条件下，其放水量也可高达10m³/min以上，如岩溶裂隙较为发育的灰岩或厚度较大的砂岩充水含水层，易造成垮工作面或淹工作面等事故。根据这类水患特点，摸索出了针对地质构造提前分阶段、多钻孔、长时间疏放水的防治水方法，从而实现了安全疏干开采。

上述四个方面说明，煤田勘探阶段获取的资料，必须与矿井建设、生产阶段所得到的信息相结合，实现井上、井下三维立体勘探。

二、勘探阶段的研究内容

在勘探阶段，应尽可能查明煤层顶板直接和间接充水含水层的厚度与相变规律，用一定工程量的水文孔进行抽水试验，了解它们的富水性和渗透性。也可用较抽水试验省工省时的地质孔简易压水试验方法，以漏失量反映它们的透水性和富水性，基本查明其富水性的不均匀程度，特别是在因断层错动而与强含水层对接的部位或在新生界地层覆盖的隐伏露头部位。对与煤矿井充水条件关系较密切的含水层，都应有分层资料，作出充水水文地质条件的分层论述，为矿床开采阶段的生产建设提供初步的科学依据。同时，应当注意勘探阶段的封孔质量。根据几十年来已发现的问题，应当在以下三个方面予以注意：

（1）改变封孔的材料，禁止用黏土浆和水泥砂浆，应该选用优质纯水泥，在强充水含水层部位，选用木塞等。

（2）要全孔封闭，而不能分层段，即使是非煤系地层或新生界地层也要封，彻底防止人为因素造成的区域水文地质条件复杂化和不同含水层的水质相互干扰和影响。

（3）要分段封孔、分段试孔，提取样品进行质量检验，一并记入封孔报告内。

三、生产建设阶段的研究内容

生产建设阶段要针对不同情况、工程性质和治水需要，"查治结合"，一边"查条件"一边进行治理。"查条件"是为了更好地治理，"查条件"的钻孔或工程即可用于治理，治理钻孔或工程也可为进一步"查条件"而服务。"查条件"的形式和任务是多种多样的。

煤层顶板间接充水含水层主要是指各煤层采动诱发的综合导水裂隙带范围以外且只有立井或斜井井筒穿过的煤系顶部含水层。就我国煤田来说，这些含水层主要包括：新生界松散孔隙含水层；南方型龙潭（宣威）煤系顶部的长兴、大冶、嘉陵江等厚层灰岩含水层；南方型三叠系与北方型二叠系；侏罗系煤层顶部的砂岩、砾岩裂隙含水层。这类含水层阻碍了矿井井筒的正常掘凿，影响了施工进度和质量，甚至造成井筒的被淹。"查条件"的目的就是要选择在富水性最差甚至不含水的地段布置井筒，确定井筒位置后通过打井筒检验孔，查清每一个含水层的厚度、岩性、岩溶裂隙发育情况，通过抽水试验获得它们的涌水量、单位涌水量和渗透系数等水文地质参数。根据有关充水含水层的综合资料，最后即可在地面预注浆法、工作面预注浆法、冻结法和壁后注浆等方法中，选择针对特定地质条件的较为科学合理的防治水方法。

生产建设阶段的"查条件"要注意以下六个问题：

（1）要充分利用勘探阶段包括抽水、简易水文观测、简易压水试验资料，逐一分析充水含水层的富水性分布特点，圈出强富水区。

（2）以松散孔隙含水层或岩溶含水层为主，同时适当注意中等富水程度的含水层情况，圈出有利于井筒布置的不同地段，供设计部门选择。

（3）井筒位置确定后，如各充水含水层的水文地质条件均较简单，则可只布置一个井筒检验孔；但若主要充水含水层的条件较复杂时，必须布置三个检验孔；对岩溶充水含水层，还应充分利用三个检验孔，进行孔间透视，查明井筒区各充水含水层的构造裂隙发育程度及其富水性。

（4）检验孔的偏斜度符合规程要求，最好是垂直的。

（5）如在井筒区发现大型断裂构造，地层破碎严重或岩溶发育，富水性强，则应另选井筒位置。

（6）综合分析检验孔的资料，选择确定防治水的具体方法，提出防治水工程的设计。煤层顶板直接充水含水层包括煤层直接顶板和各煤层采动诱发的综合导水裂隙带范围内所有的含水层。这些含水层中地下水将全部转化为矿井涌水量，只有彻底疏干地下水，才能保证矿井安全生产。几十年来，我国各煤矿由于初期的认识不足，"查条件"的方法也不够成熟，治理途径也不够有效，缺乏经验，走过了一段曲折的道路。

经过长时间的反复摸索和大量实践，煤层顶板直接充水含水层的"查条件"方法和防治途径已基本明确，即坚决疏放水，在疏放水的条件下查明补给水源、补给边界和补给通道，积极进行截源堵水，在减少补给的情况下进行疏干，减少矿井涌水量，提高生产效率，实现经济合理的安全开采。由于利用一般勘探阶段资料预测石门或采区涌水量，其精度往往满足不了安全生产的需要，各矿务局都先后采用钻孔群或石门直接揭露（适当地点修筑水闸门保证安全）含水层的方法，进行大流量大降深的现场相似疏干模拟试验，确定实际水量或进行较高精度的比拟计算，为实际疏水采煤提供科学依据。为了寻找补给边界和通道，在这种条件下往往可以利用孔口水门或水闸门进行恢复水位试验，结合地表和井下动态观测与连通试验资料，查明补给条件，在此基础上进行截源堵水。截至目前，防治煤层顶板直接充水含水层水害已取得成效。

四、使用井筒注浆堵水技术

（一）注浆的主要特点和难点

1.在高压条件下减轻对止水垫的压力和防止井壁的压裂破坏

3m厚的止水垫要想承受10MPa注浆压力是不可能的。为了解决这个问题，以及有效地防止由于浆液上串而破坏井壁，主要采用了以下四条措施：

（1）下好孔口管和承压套管。在钻孔没有打穿止水垫以前，当孔内还基本无涌水时，先注好φ194mm孔口管，使它能承受一定的压力。等干后用φ146mm孔口管由孔内向环状间隙注浓浆封固φ146mm套管，用以作为承压管来直接承受注浆压力，以防止对止水垫的破坏。

（2）注好岩帽。由φ146mm承压管向下3~5m这一段基岩叫作岩帽，由于岩帽距止水垫和井壁比较近，φ146mm套管不能承受太高的压力，故必须采用低压少量、逐次升压、多次复注的方法，切实把岩帽注好。

注好岩帽的目的，主要是利用岩帽下止浆塞，以凭借岩帽的力量来承担较大的注浆压力，从而有效地防止注浆压力对止水垫和井壁的破坏。但是，注浆中有的止水垫在第三次注浆时已经破坏，岩帽串浆严重，φ146mm管不能起到止浆作用，故注岩帽时多数采用在岩帽上端直接下止浆塞的方法注浆。

（3）在紧靠止水垫以上3~5m的井壁内，预埋几个带瓦路的泄压管，以便在高压浆沿壁后环状间隙上窜而可能破坏井壁时，起到观测和泄压的作用。

（4）注浆时如发现止水垫或井壁泄压孔串浆，应立即停注，等干后再注。这样反复几次，即可以达到逐步升压的目的，同时还可以起到逐步加固止水垫和堵塞"上串通路"的作用。

2.在松软岩层中下好高压止浆塞

只有实行严格的分段注浆，才能有效地控制浆液，保证注浆质量，这里的关键是下好止浆塞。由于岩性破碎，过去采用三爪止浆塞，因孔壁的支撑强度不足，下塞困难。针对这一问题，改用异径止浆法，即用φ91mm钻进，用φ110mm钻具扩孔到已经注浆完毕，且岩性比较完整的地段，造成一个异径的台阶，以提供作为下止浆塞的地点。它不仅能经受较大的轴向压力，而且孔壁完整，止浆效果好。

为了提高每次下塞的可靠性，在以下两个方面做了一些改进：

（1）创制了孔口压塞的螺杆固定装置，耐压程度比较高，可承受12~15MPa的压力，结构比较简单，操作比较方便，既缩短了压塞的时间，也增加了压塞的可靠性，并保证了安全。

（2）针对不同条件，创制了具有各种特点的止浆塞和注浆器，主要有：

①孔底支撑式止浆塞。它适用于孔内岩性松软，需要随时进行注浆以加固孔壁，但又无法下异径止浆塞的困难条件。

②可旋转式止浆塞。它的优点是可以边转动边下止浆塞，适用于孔内岩粉多，不好清除，或塌孔严重又急需短段注浆加固的孔段。

③多用注浆器。注浆器特点是注浆时可以先冲捞岩粉；冲捞岩粉结束后随即可以进行注浆；注浆结束后，因射浆管下端有逆止球阀，可以及时将钻具拉出孔外，防止将钻具注在孔内。它还适用于固结套管环状间隙和斜孔注浆等。

3.解决松软破碎岩层不易进浆和注浆圈强度不足的问题

（1）加大注浆压力：鉴于该矿主副井历次突水时，井筒都是先来压后来水，而且都是缓慢出水，说明前几次注浆所形成的隔水圈已经起到了一定的阻隔水作用，但由于水压太大终于被压垮。为此，必须提高注浆压力以增加注浆圈的厚度和强度。根据开滦以往的经验，确定本次注浆压力。

①只要灰浆的起始浓度掌握得当，就能多进浆，它通常表现为初期进浆小，压力略高，中期裂隙被压开、吸浆量变大，而压力略有下降，后期逐步升压减量；反之，如初始浓度偏高，则很易于"堵门"而注不进浆。

②压水与注浆之间不能有停顿，否则压水时所疏通的裂隙口就会重新被封堵，甚至也可能引起塌孔。

（2）为了保证每一次注浆的质量，需要采用辅助措施。一是适当延长压水时间；二是当发现压力上升太快而注入浆量不足时，应及时把浆液的浓度降下来，以达到多进浆和有利于扩散；三是在达到终压终量之后，必须坚持一段时间，以消除假象，不要怕反复；四是在注浆过程中，在已有足够进量而仍达不到终压、终量的标准时，可以暂停注浆，然后通过复注达到。

（二）钻进注浆中出现的主要问题和解决办法

1.断层带、破碎软弱岩层的钻进和注浆

在断层带和破碎软弱岩层中钻进，岩粉多，孔壁易于收缩、坍孔和卡钻，钻进注浆困难。其主要措施是：

（1）采用轻压、慢转、小水量钻进和尽量减少钻具的上下提动，以避免对井壁的破坏。

（2）在孔内具有一定静压力水的条件下，如孔内岩粉太多，可以定期用稀灰浆把岩粉带上来。

（3）当钻具即将进入较软弱岩层时，为保持孔壁完整和便于下止浆塞，可采用"无水泵"法钻进，或用软岩采取器取芯钻进。当钻孔通过软岩地段或达到一定深度后，不管涌水大小均应停钻、下止浆塞，及时进行短段注浆以加固孔壁。

（4）在断层带或松软破碎岩层中注浆，其段高不宜太大，一般10～15m为宜。因太大易于坍孔，而太小又易于使单位面积进浆量超过岩层的实际吸浆能力，造成孔压力急剧上升而把孔壁压垮。故一般不采用高压大泵量，而采取小量逐步升压的方式。

2.窜孔造成的坍孔

工作面注浆孔间距小，岩层比较松软、破碎，故在钻孔压水时，由于孔间串通，常常使邻孔坍塌。其预防和解决办法是：

（1）相邻钻孔应尽量避免在同一个层位钻注。

（2）在断层带或松软岩层中应尽量减少压水时间，以防把孔壁压垮。

（3）发现邻孔串水、串浆，应立即将该孔封闭，以防止浆液外串。

3.钻孔喷水

孔内喷水的原因，主要是孔内涌水量大、水压高和出水段岩石破碎所致。但孔内岩粉积存堵住出水口，也是原因之一。喷孔如不能及时制止，其结果必将造成出水段孔壁严重坍塌，给钻进和注浆带来很大困难，甚至不堪收拾而成为废孔。其预防的主要办法是：经常保持孔内干净，防止岩粉积存；在松软破碎的含水岩层中，采用轻压慢转、小水量和肋骨钻头钻进；根据孔内变异情况及时进行短段注浆加固孔壁，一旦发生喷水，应立即封闭孔口，稳定一段时间后再行注浆处理。

第五节　煤层底板水害的防治

一、底板充水含水层特点

煤层底板直接和间接充水含水层地下水的补给条件一般较好，其水压也较高，疏干降压较为困难，是一个至今尚未有效解决的难题。其原因是：

（1）对实行带压开采的煤层底板间接充水含水层，由于带压开采的安全水头值受煤层底板岩体的岩性组合、构造条件、围岩条件、原岩应力状态、煤厚、工作面几何尺寸和开采方法等的影响，很难准确确定，稍有疏忽，超安全水头开采，将会酿造底板突水淹井灾害事故。

（2）煤层底板充水含水层赋存在煤层露头范围以外，当它的沉积厚度较大时，如华北型的奥陶系及与之连续沉积的中、上寒武统灰岩，最厚可达1400多米；南方型的下二叠统茅口、栖霞灰岩，最大沉积厚度也可达1000余米，露头分布面积广，接受地表水和大气降水补给条件好，岩溶又较为发育，储存资源大，补给资源充沛。要想对这样的充水含水层疏水降压，确实不易。

（3）由于陷落柱、切割较深的断层或隐伏在煤层底板的断层、导水钻孔等点、线状充水通道的存在，使矿井水文地质条件复杂化，给堵截治理带来较大的难度。由于上述原因，煤层底板突水问题给许多煤矿安全生产造成了巨大的威胁，稍有不慎，底板突水灾害即可发生，其突水水量高达每分钟几十、几百甚至上千立方米。

二、底板水防治技术路线

针对这种情况，煤矿水文地质工作者在这类水害的防治方面还有大量工作需要做。根据以往的探索和实践，主要防治技术路线可概括如下：

（一）查清条件

查清条件是防治水工作的基础和依据。针对这一类水文地质条件的煤田，在勘探阶段就明确规定，在研究地质和区域水文地质条件的基础上，把充水含水层的富水性、导水性、补给排泄条件及向矿井充水途径视为一个整体进行勘探和研究。对于矿井水文地质条件复杂的大水矿区，工作范围应扩大为一个完整的水文地质单元。这一工作方向和任务的明确是完全正确的，对底板充水含水层尤为重要。但要有效完成，需要勘探、生产两个阶段不断深化补充，反复验证。根据有关矿区的实践，深化补充、反复验证的内容应包括：

（1）水文地质单元内分块段的补给迳流条件研究，同时注意采矿排水引起的地下水渗流场和补给条件的变化情况。

（2）在整体了解地下水的主要迳流方向和迳流带的基础上，应对地下水迳流带的强弱进行分区，并确定主要集中迳流带位置和范围。

（3）通过深降强排，明确具体的补给边界和充水通道，对地下水实施截堵治理或开发利用。

（4）分析确定充水含水层富水性的非均质分区，为开采规划提供依据。

查清条件的具体工作应注意以下内容：

不仅要了解充水含水层，更要了解隔水层的岩性和厚度。勘探阶段要充分利用煤层的地质孔，使其延深至含水层和隔水层，通过观测记录浆液漏失量和压水试验等方法，尽可能多地获取水文地质参数。井下钻孔要及时分段测压、测水量，了解含水层的原始导升高度问题。要注意钻孔的封孔质量，防止串导水。由于井巷不能揭露含水层，愈来愈需要用物探手段加大探查的覆盖面，为更有针对性的钻探提供依据。

由于强充水含水层位于煤系最低部，一般距地表较深，物探和钻探工程尽可能利用井下巷道进行。由于补给水量往往较大，深降强排的放水试验要慎重安排，试验强度力争超过补给量才能取得较好的效果，有时需几个地点或几个矿联合放水才行。要充分利用矿井外围的专门水文地质勘探、工农业供水及其相应的地下水动态信息资料。

（二）实施排供结合

一些矿区的长期实践表明，排供结合是矿井底板水防治的一条有效途径，再适当补充一些堵水和地面防治水工程，其效果更佳。单纯地采用防堵和地面工程代价太大，周期太长，而且还不能有效地解决问题，同时防堵和地面工程实施后，往往又会带来一个大量留设断层或薄弱带防水煤柱的问题，资源损失大。

（三）充分利用隔水岩段与确定安全临界水头值

大水矿区的强充水含水层虽在大规模开发利用条件下可以造成区域水位的下降，但不可能降到深部煤层也可安全开采的程度，始终存在一个带压开采的问题。因此，就需要研究如何充分利用隔水岩段来确定安全临界水头值。对此，国内已进行了长期的多方面研究，积累了大量的专门资料，最后形成的基本认识是：采动矿压能对底板隔水层产生一定深度的引张破坏，出现张性裂隙，如其与承压水原始导升高度相连通，即可诱发突水事故。承压水沿隔水层原生裂隙向上渗透的高度称原始导高，井下钻探、物探均可探测到。煤层采动矿压对底板隔水层的破坏深度随煤层的采厚、工作面几何尺寸、底板隔水层的岩性等变化，一般为4～12m，断层破碎带区可达10～20m，应力集中区甚至会更深。

（四）隔水层加固与含水层改造

由于各大水矿区隔水层原生沉积厚度是不可改变的，按"突水系数法"分析判断，大量深部煤炭资源仍然由于受承压水威胁而难于安全开采。针对这个问题，山东的肥城、淄博已先后采用隔水层加固与含水层改造等技术，开展了注浆加固煤层隔水底板和改造底板直接充水含水层的工作，在煤层底板水害防治技术方面取得了明显进展。

（五）充水含水层渗流场分析

岩溶陷落柱、强导水钻孔（位置偏斜难定时）是导致煤层底板水害事故发生的重要导水通道。为了查治它们，国内许多矿区（尤其是开滦）探索试验了许多方法，采用了多种地表、井下的物探手段，大部分只能做到定性分析，难于获得确切结果。但总结这些实践，认为系统分析充水含水层地下水渗流场，采用圈高水位区的方法比较有效。即在煤层底板一个或两个充水含水层中布置一定密度的水位（压）观测点，以井下观测为主，在地表适当布置，系统观测其地下水水位动态变化。由于这些充水含水层在正常情况下存在一个背景水位（压）值，如果发现在一定范围内存在异常的高水位区，往往是陷落柱或强导水钻孔影响控制的结果。因此，对高水位异常区，应该采取留设防隔水煤（岩）柱的方法，划定危险区，暂时隔离，然后根据具体条件，设计提出地面或井下注浆封堵的措施。

（六）断裂带型突水的防治

受底板强充水含水层威胁的大水矿区，防止断裂带型突水是一项普遍性经常性的任务。根据多年水害防治经验的总结，断裂带型突水防治的主要方法是确切查明断裂带的走向、倾向、倾角和断距及其沿走向的变化，正确合理地留设防隔水煤（岩）柱。个别巷道一定要穿越它时，则需超前探查和注浆加固，并注意可能发生的"断裂带延迟滞后型突水"问题。

三、底板突水防治

（一）底板突水防治的技术体系

底板突水防治的技术体系包括：查清地质条件、堵截水源、疏水降压、井下防水治水措施、合理选择采煤方法、注浆堵水。

1.查清地质条件

首先要查清灰岩含水层的水文地质条件，包括灰岩含水层的厚度、各层灰岩间的水力联系、灰岩岩溶发育状况和富水性、承压水补给条件、灰岩强径流带的分布、岩溶陷落柱、水文地质单元的边界等。

构造地质条件包括：断层的落差、走向、力学性质和导水性，以及褶曲构造。

矿井井上下水文地质观测，建立井上地下水动态观测网，对主要含水层（如奥灰、徐灰）进行常年水位监测，还应监测地下水径流带、疏干边界或隔水边界、井下主要突水点等地下水位变化的关键区域。

2.堵截水源

在查清矿井底板灰岩水补给条件的情况下，如果补给区域比较集中，可以采用地面帷幕注浆截流的办法堵截水源。能采用帷幕注浆截流的水源主要有三类，即灰岩强径流带的上游水源、地表降雨补给区水源和河床渗漏水源。

3.疏水降压

疏水降压开采分为疏干和降压两种。对于受底板灰岩承压水威胁的煤层，如果承压水水压过高，隔水层的阻隔水能力不够，则可进行疏干或降压开采。疏水降压开采是有条件的，只有在水文地质单元较小、水源补给量较少的情况下才能有效。疏水降压一般与帷幕注浆结合进行。疏水降压应研究预测、预防和处理岩溶塌陷危害。

4.井下防治水措施

井下防治水措施包含内容较多，主要有加大矿井抗灾排水能力，在必要部位安设水闸门，井下探测底板灰岩富水性，断层探水，对底板灰岩含水层进行注浆改造，留设防水煤柱，巷道过断层预注浆加固等。

5.合理选择采煤方法

首先是根据水文地质和工程地质条件，合理安排开采顺序，先开采相对安全的区域。其次是在采区内合理确定区段宽度，采煤工作面的开采宽度越窄，则底板的扰动破坏深度越小，回采相对越安全。再就是合理确定工作面边界和推进方向，尽可能减轻或避免开采对断层的扰动作用。

6.注浆堵水

矿井一旦发生突水灾害，就必须进行注浆堵水。注浆堵水分为堵静水和堵动水两种情况，注浆材料早期是单纯用水泥，现在已发展为双液浆加骨料。注浆堵水的关键内容有三点：一是突水点的准确判断；二是注浆堵水部位的选择；三是注浆钻孔的布置。

（二）帷幕截流

帷幕截流最早是国内外广泛用于水利工程的防渗措施之一。截流帷幕的主要目的是堵截矿井采场的水源，保证安全生产。在施行帷幕截流工程之前，要查清水源含水层的水（如奥灰水）补给煤系地层含水层（如太原组灰岩）的方式、地段和水量。若通过断层补给，必须查清断层位置和产状。采用的方法可以是钻探、抽放水试验、连通试验、计算机模拟等。调查各含水层水力联系的目的是减少帷幕工程的盲目性。

帷幕截流工程施工的地点分为地表施工和井下施工。地表施工方便，但费用高，井下施工难度大，但成本低。具体采用哪种施工方案，还要视地质构造情况而定，也可以将两种施工地点结合使用。

1.工程布设与施工的步骤

（1）帷幕位置的确定通常是根据含水层的赋存状况、矿井地下水的流向及帷幕所具备的条件来确定。帷幕线一般垂直于地下水的流向，距水源通道50~100m。帷幕线两端应设计在各种阻水边界。

（2）截流巷道的位置沿帷幕线在确保巷道施工安全的可采煤层内施工，可以和生产巷道结合进行。

（3）注浆孔布置与施工在截流巷内施工斜孔，其方向与帷幕线平行或斜交（倾角15°～25°）。钻孔间距30～40m，分2～3个序次施工。第一序次间距60～80m，第二序次间距30～40 m，第三序次为重点检查孔。

（4）注浆工艺一般采用井上下结合的方法进行，即地面集中造浆，通过送料孔和注浆管路向井下注浆。单纯帷幕截流，注浆时既要保证帷幕的形成，又要控制浆液扩散范围，减少浆液流失。为保证注浆质量，要根据放水孔的放水情况，选择合理的注浆材料和配比，注浆压力要逐步提高。通常第一序次孔结束压力为水压的1.5倍，第二序次孔为水压的2倍，第三序次孔为水压的3倍。

2.工程效果检查方法

（1）放水试验检查：帷幕注浆前后分别进行放水试验，然后进行对比分析。放水试验最好能在同一个地方进行、同一个位置观测。观测孔一是在帷幕两侧，间距每50m左右，成对布置，一孔打到水源层，一孔打到受注层；二是在放水中心布置，另外在其他地方也要有适当的控制孔。首要检查指标是放水量，包括总放水量和中心观测孔的单位疏降水量，其次是帷幕内外的水位差。

（2）钻探检查：在帷幕带上打钻孔检查，其数量是注浆孔数的10%～20%。检查孔一般布置在注浆质量差、地质构造复杂或帷幕两侧水位差小的地段。检查孔也作为注浆孔，主要通过检查孔的岩心裂隙充填情况及涌水量来判断其效果。

（3）物探检查：主要采用钻孔透视，最好是在注浆前后都进行透视，再根据两次探测的电性参数变化分析效果，并在透视异常区打钻验证。

第六节 煤矿水害防治经验

一、井筒治水在立井施工中的作用

众所周知，井筒是矿井的咽喉。井筒开凿的工程量仅占全矿井开拓工程量的3%～5%，而建井工期却占矿井建设总工期的30%～50%。随着开拓深度的增加，地质和水文地质条件越来越复杂，井筒施工工期占矿井建设工期的比例也将相应增加。

二、井筒治水工作的经验介绍

做好井筒防治水工作应包含两个方面的内容。首先应做好井筒及其周围的水文地质基础工作，较准确地预计井筒涌水量；在此基础上，选择经济合理并且有效的防治水方法。新中国成立以来，有关地质、设计、科研和施工单位在这方面做了大量的工作，取得了不少成绩，为井筒快速施工做出了贡献。但也应该看到，仍存在不少问题，有待今后加以解决。

（一）井筒水文地质工作的现状、问题与展望

随着矿井开发强度加大和深度增加，查清井筒水文地质条件及提高井筒涌水量预计精度，对井筒位置的合理选择、井筒施工方法的确定都具有重要意义，也是加快矿井建设速度、保证工程质量和节约建设投资的一项十分重要的措施。

几十年来，国家在这方面投入了大量的人力、物力和资金。主要表现在国家有关部门专门制定规范，对加强水文地质工作作出了规定。各科研、设计、勘探和施工单位不断加强做好井筒水文地质工作和预计井筒涌水方

面的科学技术研究工作，并取得了一定的成效，其中比较突出的有如下三个方面：

1.流量测井

在井筒检查孔做抽水试验的同时进行流量测井。它能在孔中详细划分含水层（带），较准确地测定含水层的层位、深度、厚度和预计井筒涌水量的相对大小。

2.用水文地质分析法预估井筒涌水量

该方法是总结我国大量井筒治水实践经验的成果。用这种方法预估的13个井筒均取得了较好的结果，表明该方法具有科学性和实践性。该方法的主要特点是，总结大量已知各种水文地质条件下的实际涌水量，估计具有相似条件下未知涌水量。

3.水下彩色摄像系统与密封圈传感器系统

水下彩色摄像系统与密封圈传感器系统经过国内2个矿井的推广应用，均取得了很好的实际效果。

（1）水下彩色摄像系统：在钻孔中进行彩色摄像，从中可直接看到与获得孔壁上的裂隙、破碎带、空洞带和涌水现象。在确定含水层的水文地质特征方面，比目前国内其他方法更准确、更具科学性。

（2）密封圈与传感器系统：通过单孔混合抽水和压水，同时在1～2个观测孔分层观测水头差，就能精确获得分含水层的各种水文地质参数，分层预计井筒涌水量，获得好的结果。这是目前国内其他方法长期以来所不能做到的，且比其他方法更准确、更科学。

（3）水下彩色摄像系统在一定条件下，可通过电视清晰地看出孔壁裂隙、破碎带的发育状况及涌水现象。密封因传感器系统可分隔孔中大于10m的含水段，并可在此基础上通过压水和抽水试验，求取每一含水层的渗透系数、导水系数和贮水系数。这些先进的探测手段既为分层预报井筒涌水量提供了可靠的依据，也在很大程度上补充和完善了井筒水文地质研究的技术方法，与国内现行的井筒水文地质勘探方法相比有明显的先进性。该技术方法手段先进，施工工期短，取得数据丰富、合理，预报层次明确、具体。在指导建井施工中，无论是减少一个层次的注浆或避免一个层次的涌水淹井都能取得明显的经济效益和社会效益。

（二）井筒治水工作技术与管理措施

1.加强防治水的领导和组织工作

矿区各矿均成立了防治水领导小组，建立健全了防治水机构，水文地质条件复杂的矿井还设立了防治水办公室，完善了各种制度，制定了实施细则，这些是搞好防治水工作的前提。

2.搞好水情水害的预测预报工作

进一步加强水情水害预测预报工作是搞好矿井防治水的保证。矿井水文地质专业人员坚持"预防为主"的指导思想，根据采掘计划逐头逐面进行水害因素分析，排查水害类型，力求及时、全面、准确地预先提出水害报告和处理措施。积极采用瑞利波探测仪、井下自动数字直流电法仪等设备进行井下物探，并建立了地下水动态观测系统，不断提高水害预测的技术水平。坚持对各矿水情水害排查情况和探放水计划的审查，组织单项竞赛，促进了水害预报和探放水工作的制度化、规范化。

3.建立健全矿井排水系统

这是防治矿井水害的基础。通过对各含水层水文地质条件、水力联系、涌水和突水状况的观测和分析，结合必要的水文地质补勘工作，科学地预计开采区域以至矿井的涌水量，建立排水系统。为保证矿井的抗灾能力，在预计涌水量时还考虑了大气降水和地方煤矿影响等因素。

4.按时完成防治水工程

根据矿区的水害类型，逐年编制防治水工程计划，保证资金投入并按质、按量、按时完成，一直是防治水工作的重点。防治水工程包括观测网和观测孔的施工，观测仪器的购置，防止突水的堵水防水工程，重要的探放水工程，扩大排水能力以及封闭不良钻孔的处理等。

5.加强地方煤矿的协调工作

由于历史原因在矿井周围形成众多地方煤矿，其对矿井防治水的影响主要表现在超层越界开采及破坏各种隔水防水煤柱，致使矿井涌水量增大，一旦地方煤矿突水，就造成极大威胁。有些地方煤矿地面防水措施不力，遇到暴雨、洪水溃入就危及大矿安全。因此，加强与地方煤矿的协调工作，促进地方煤矿建立排水系统，提高抗灾能力，强化防治水措施，也是搞好矿区防治水工作必不可少的外部条件。

6

第六章　煤矿水害防治技术

第一节　防水煤（岩）柱留设

一、防水煤（岩）柱的种类及留设原则

在水体下、含水层下、承压含水层上或导水断层附近采掘时，为防止地表水或地下水溃入矿坑，可能发生溃水处的外围，留设一定宽度或高度的煤（岩）柱不采掘，以加强岩层的强度和增加其重量阻止水突入矿井。这种保证地下采矿地段的水文地质条件不明显变坏的最小宽度的煤（岩）柱，叫作防水煤（岩）柱。

（一）防水煤（岩）柱的种类

依据防水煤（岩）柱所处的位置，可以分为不同的类型。

（1）煤层露头风化带防水煤（岩）柱。

（2）冲积层防水煤（岩）柱。

（3）地表水体防水煤（岩）柱。

（4）断层防水煤（岩）柱。

（5）井田边界煤（岩）柱。

（6）上下水平（或相邻采区）防水煤（岩）柱。

（7）水淹区（包括老窑积水区）防水煤（岩）柱。

（二）防水煤（岩）柱的留设原则

（1）在存在突水威胁，但又不宜疏放的地区采掘时，必须留设防水煤（岩）柱。

（2）防水煤（岩）柱一般不能再利用，在保证安全的基础上把防水煤（岩）柱宽度或高度降到最低限度，以提高资源利用率。

（3）防水煤（岩）柱的留设必须与当地的地质构造、水文地质条件、煤层赋存条件、围岩的物理力学性质、煤层的组合结构方式等相结合，还应与采煤方法、开采强度、支护方式等人为因素相适应。

（4）在多煤层地区，各煤层的防水煤（岩）柱必须经过统一考虑确定，以免某一煤层的开采破坏另一煤层的煤（岩）柱，致使整个防水煤（岩）柱失效。

（5）在同一地点有两种或两种以上留设煤（岩）柱要求时，所留设的煤（岩）柱必须满足各种留设煤（岩）柱的要求。

（6）一个井田或一个水文地质单元的防水煤（岩）柱，应该在总体开采设计中确定，即开采方式和井巷布置必须与各种煤（岩）柱留设相适应。

（7）所留防水煤（岩）柱需严格维护，不得随意破坏。

（8）留设防水煤（岩）柱所需要的数据，必须在本地区取得，邻区或外地的数据只能作为参考，若需要使用，应适当加大安全系数。

（9）防水煤（岩）柱中必须有一定厚度的黏土质隔水层或裂隙不发育、含水性极弱的岩层，否则防水岩柱将无隔水作用。

（10）受水害威胁的矿井，凡属下列情况之一者，必须留设防隔水煤（岩）柱：

①煤层露头风化带。

②在地表水体、含水冲积层下和水淹区邻近地带。

③与富水性强的含水层间存在水力联系的断层、断裂带或者强导水断层接触的煤层。

④有大量积水的老窑和采空区。

⑤导水、充水的陷落柱、岩溶洞穴或地下暗河。

⑥分区隔离开采边界。

⑦受保护的观测孔、注浆孔和电缆孔等。

二、相邻矿（井）人为边界防隔水煤（岩）柱的留设

（1）水文地质简单型到中等型的矿井，可采用垂直法留设防隔水煤（岩）柱，但总宽度不得小于40m。

（2）水文地质复杂型的矿井，应当根据煤层赋存条件、地质构造、井水压力、开采上覆岩层移动角、导水断裂带高度等因素确定防隔水煤（岩）柱的宽度。

①多煤层开采，当上、下两层煤的层间距小于下层煤开采后的导水断裂带高度时，下层煤的边界防隔水煤（岩）柱应当根据最上一层煤的岩层移动角和煤层间距向下推算。

②当上、下两层煤之间的垂距大于下煤层开采后的导水断裂带高度时，上、下煤层的防隔水煤（岩）柱可分别留设。

第二节　矿井涌水量预算

一、概述

（一）基本概念

矿井涌水量是指在矿井建设与开采过程中，单位时间内涌入矿坑（包括井、巷和开采系统）的水量，通常以m^3/h表示。矿井涌水量是确定矿井水文地质条件复杂程度的重要指标之一，关系到矿山的生产条件与成本，对矿井

的经济技术评价有很大影响，也是设计与开采部门选择开采方案、开采方法，制定防治水疏降措施、设计水仓、排水系统与设备的依据。故正确预算矿井不同空间中涌水量的大小对矿井防排水系统的合理安排与设计，矿井防治水措施的正确选择，保障矿井安全生产，具有十分重要的意义。

按照矿井涌水在矿井中分布位置的不同，矿井涌水量可分为井筒涌水量、工作面涌水量、采区涌水量、水平涌水量和全矿井涌水量。按照矿井涌水量的性质又可将其分为矿井正常涌水量、矿井最大涌水量和矿井灾害涌水量。通常，矿井正常涌水量是指在影响矿井涌水量的诸因素取多年统计平均状态下计算得到的涌水量；矿井最大涌水量是指在影响矿井涌水量的诸因素取多年统计极端不利状态下计算得到的涌水量；矿井灾害涌水量是指在不可预知的灾害性矿井充水条件发生时产生的涌水量。

（二）矿井涌水量预算的内容

正确评价未来矿山开发各个阶段的涌水量可归纳为如下四个方面：

（1）预计矿坑正常涌水量。

（2）预计矿坑最大涌水量。

（3）开拓井巷涌水量：是指井筒（主井、斜井）和巷道（平硐、平巷、斜巷、石门）在开拓过程中的涌水量。

（4）疏降工程的排水量：是指在规定的疏降时间内，将一定范围内水位降低到某一个规定标高时，所需的疏降排水强度。

（三）预算模型概述

评价矿山涌水量的方法众多，按目前常用的数学模型种类，可将其划分为确定性和非确定性两类。

二、矿井涌水量预算方法

正确预测矿井涌水量是一项重要而又复杂困难的工作。主要表现在两个方面：第一，它是进行矿床技术经济评价、矿井设计和建设、矿井生产组织、矿井防排水系统设计与配置，以及矿井防治水措施制定等的重要依据。第二，由于影响矿井涌水量的地质和水文地质条件复杂多变，矿井充水条件千差万别，并且这些资料的取得也是困难的，我们很难用一种矿井涌水量方法准确描述这些条件，进而准确预测矿井涌水量。因此，需要研究并根据具体的水文地质条件和所拥有的水文地质资料正确选择矿井涌水量预测方法；如有条件，最好采用多种预测方法进行计算，并对预测结果进行比较、分析，以选择或确定较为准确的矿井涌水量。

（一）水文地质比拟法

水文地质比拟法的理论基础是水文地质条件相似的地质单元应具有相当的涌水量的直观原理。由已知区水文地质和矿井生产资料，建立起矿井涌水量与影响因素间的定量数学表达式，用以预测新区（涌水量未知区）的矿井涌水量。预测的精度主要依赖于两种区域的水文地质条件的相似程度。方法可用于相邻的水文地质条件相似的不同矿区之间的矿井涌水量的计算，也可以用于同一矿井的不同巷道或块段之间的涌水量计算。但现实中水文地质条件完全相似的区域或矿井是没有的。此外，开采方法、规模等生产条件也都有差异，故它只是一种近似的方法。最常用的这类方法有富水系数法和单位涌水量法。

1.富水系数法

最初，富水系数法是根据水文地质条件相似矿区的矿井涌水量与矿产开采量成一定正比的规律提出的。富水系数（K_p）定义为，一定时期（一般为一年）内从矿井涌出（或排出）的总水量（Q_0，m^3/h）与同时期内矿产的开采总量（P_0，t）之比，故又称产量富水系数，即：

$$K_p = \frac{Q_0}{p_0} \qquad (6-1)$$

预测的精确度主要取决于预测区与已知区水文地质条件的相似程度，其次也依赖于二区的开采方式和速度的相似程度。实际上，矿井涌水量还可能与采空面积、采空体积、巷道掘进长度等因素有关。推而广之，就产生了采空面积富水系数法、采空体积富水系数法、巷道长度富水系数法等。

2.单位涌水量法

疏降面积和水位降深常是矿井涌水量增大的两个主要因素。因此，根据生产矿井已知的开采面积（或疏降面积）F_0和深度（或水位降深）S_0及其相应的排水量Q_0等资料，就可以通过简易的统计法求得其单位涌水量的平均值q_0，并以此作为预测新井的某个开采面积（或疏降面积）F和深度（或水位降深）S条件下的总涌水量Q的依据。

$$q_0 = \frac{Q_0}{S_0 F_0} \tag{6-2}$$

（二）解析法

1.稳定流解析法

在矿坑疏干排水过程中，形成疏干（或降压）漏斗，当漏斗扩展到补给边界，矿坑涌水量将呈相对稳定状态，出现地下水流量和水位等动态要素不随时间变化的动平衡状态，这时可以用稳定流解析法预测矿坑涌水量，其具体应用条件如下：

（1）预测计算的内、外边界可以概化为简单的几何形状。

（2）含水层可认为是均质、各向同性的。

（3）有固定补给水源，能形成稳定水头的补给边界。对上述概化的水文地质物理概念模型，可以用拉普拉斯方程（侧向补给稳定）或泊松方程（侧向加垂向补给稳定）来描述，并可用它们的解析公式来预测矿坑涌水量。

矿床开采时矿坑系统的形状往往比较复杂，但矿区疏干漏斗形状是以矿坑为中心的近圆形漏斗。因此，可以将复杂坑道系统概化成一个"大井"，然后根据疏干含水层地下水类型及不同边界条件下的疏干漏斗分布范围、形状等特点，达到预测矿坑涌水量的目的。

2.非稳定流解析法

自然界中地下水的运动常常处于不稳定状态中，稳定只是相对的，非稳定才是绝对的。在矿床疏干排水过程中，当疏干排水量大于其补给量时，疏干漏斗随着时间将不断向外扩展，呈现出非稳定流状态。

（三）数值法

数值法是随着计算机的出现而发展起来的，应用十分广泛。从理论上讲，尽管它是对渗流偏微分方程的一种近似解，但实际应用中完全可以满足精度要求，它可以解决许多复杂条件下的矿井疏干及矿井涌水量计算问题，是一种较好的方法。

在水文地质计算中，用数值离散方法求解描述疏干流场的数学模型主要包括有限差分法和有限单元法两种。有限差分法是差分近似地代替导数，用差分方程代替描述地下水非线性运动的偏微分方程，通过求解按一定模式剖分形成的对应节点的差分方程，获得近似解。这样把非线性定解问题的求解简化为一组代数方程组的线性求解问题，但这种方法的计算时间较长，受较多因素的限制，不仅受导水系数、储水系数等大小的影响，还受区域形状的控制，如果计算时间步长取得不合适，模拟计算结果将偏离实际。有限单元法是均质的有限个单元集合体代替非均值的渗流区，用某种形式的简单函数近似地表示单元内的水头分布，并建立有限个单元的代数方程，最后集合成代数方程组，求解该方程组获得渗流区按一定模型剖分形成各离散点上的水头值，达到仿真的目的，但有限单元法前处理工作量巨大，占用的内存比较多，需要注意合理地编排结点号码，采用节省存储和行之有效的求解线性代数方程组的方法，特别是在内存较小的微型计算机上求解大型、特大型水文地质计算问题时更应注意。在解决实际水文地质计算问题时，两者无本质区别，仅是分析问题的思路稍有差异。

第三节 矿井注浆堵水技术

一、概述

（一）注浆堵水的应用条件

矿井注浆堵水技术作为矿井水害防治技术，其应用的前提条件包括：

（1）矿井主要充水含水层的动态补给水量大且稳定，采用疏水技术难以达到疏干或使含水层水位降低到安全生产需要的水平，或者排水量太大以致经济上不合理。

（2）矿井水导水通道位置明确且相对集中，只要注浆阻断导水通道，矿井补给水量或涌水量就大幅度减少至安全水平。

（3）矿井主要充水含水层为矿区唯一或主要的供水水源含水层，疏、排水会引起含水层水位及储水量大幅度下降，严重影响矿区生活和生产供水。

（4）矿区生态环境对矿井充水含水层的依赖性强，疏、排水会引起含水层水位及储水量大幅度下降，以致诱发矿区生态灾难。

（二）注浆堵水的优势

（1）可以减轻矿井排水负担。

（2）不破坏或少破坏地下水的动态平衡，可以有效保护矿区地下水资源和生态环境，做到合理开发利用。

（3）改善采掘工程的环境和劳动条件，创造打干井、打干巷的条件，提高工效和质量，确保安全生产。

（4）可以快速恢复被淹矿井或采掘工作面。

（5）加固薄弱地带，减少突水概率。

（6）避免地下水对工程设备的浸泡腐蚀，延长使用年限。

（三）注浆堵水的必要性

（1）疏、堵结合已成为煤矿防治水的一个重要原则，许多条件下，疏是煤矿防治水的根本，不疏就无法采煤或不能安全采煤，随时隐伏着水害威胁。

（2）通过疏，查明动水补给量及其水边界或通道，创造条件进行截源堵水，这样既可大大节约排水费用，又可最大限度地减少对自然水环境的破坏程度。

（3）对那些间接充水含水层，通过堵就能防止或减轻水害者，必须坚决堵，尽可能不疏排这些水。

（4）对已造成突水事故的直接或间接充水含水层，用强排方法恢复被淹矿井、水平或采区，往往既不经济也不安全，理想的防治水方案应该采取"先堵后排"，待恢复矿井生产后再设法加以治理，因此也必须堵。通过堵首先可以降低矿井涌水量，也能查明具体的突水原因和条件，为以后的防治水工作积累资料，这种堵就成为"查治结合，治中有查，查中有治"的治理煤矿水害的一种手段。

（5）堵水，对煤矿来说具有重要的经济效益。尽可能减少矿井排水量，是矿井水文地质工作者的一项根本任务，减少矿井涌水量，对保护日益紧缺的水资源、维护自然生态环境的平衡，具有极其重要的意义。一般来说，减少矿井涌水，除了留设必要的防隔水煤（岩）柱外，就是采取注浆堵水措施，截断补给水源或重要的充水通道。不断充实完善这一治水手段，是矿井水文地质工作者的一项重要任务。

（四）注浆堵水的应用范围

注浆堵水技术是煤矿防治水最重要的手段之一，主要应用于井筒掘凿前的预注浆；成井后的壁后注浆；堵大突水点恢复被淹矿井；截源堵水减少矿井涌水；井巷堵水过含水层或导水断层。

二、注浆材料

（一）注浆材料分类

注浆材料常分为粒状材料和化学材料两个系统，其后再按材料的主要特点细分为惰性材料、无机化学材料和有机化学材料三类。

（二）浆材性质

注浆材料的主要性质包括分散度、凝结性、热学性、收缩性、结石强度、渗透性和耐久性等。

1.材料的分散度

材料的分散度是影响可灌性的主要因素，一般分散度越高，可灌性就越好。分散度还将影响浆液的一系列物理力学性质。

2.沉淀析水性

在浆液搅拌过程中，水泥颗粒处于分散和悬浮于水中的状态，但当浆液制成和停止搅拌时，除非浆液极为浓稠，否则水泥颗粒将在重力作用下沉淀，并使水向浆液顶端上升，称这种现象为沉淀析水。

沉淀析水性是影响注浆质量的有害因素。在注浆过程中，颗粒的沉淀分层将引起机具管路和地层孔隙的堵塞，严重时还可能造成注浆过程的过早结束。在注浆结束后，颗粒的沉淀分层将使浆液的密度在垂直方向上发生变化，从而使注浆体的均匀性降低；浆液的析水则将使结石率降低，在注浆体中形成空隙。黏土由于分散度高和亲水性好，因而沉淀析水性较小，在水泥悬液中加入黏土后，将使浆液的稳定性大大提高。

3.凝结性

浆液的凝结过程常被分为两个阶段：第一阶段，浆液的流动性降低到不可继续注浆的程度；第二阶段，凝结后的浆液随时间而逐渐硬化。研究证明，水泥浆的初凝时间一般在2～4h。由于水泥微粒内核的水化过程非常缓慢，故水泥结石强度的增长将延续几十年。

4.结石强度

影响结石强度的因素主要包括浆液的起始水灰比、结石的孔原率、水泥的品种及掺和料等，其中以浆液浓度最为重要。

5.耐久性

水泥结石在正常条件下是耐久的，但若注浆体长期受水压力作用，则可使结石发生破坏。当地下水具有侵蚀性时，宜根据具体情况选用矿渣水泥、火山灰水泥、抗硫酸盐水泥或高铝水泥。由于黏土料基本不受地下水的化学侵蚀，故黏土水泥结石体的耐久性比纯水泥好。此外，结石的密度越大、透水性越小，注浆体的寿命就越长。

（三）常用注浆材料及其浆液性能

1.惰性材料及其浆液性能

惰性材料就是该材料一般具有粒状或粉末状，但遇水或与其他化学材料结合，其本身不产生化学反应的材料。在注堵巷道、陷落柱、溶洞、断层带及岩溶裂隙中，常用惰性材料进行充填和灌注，如黏土、粉煤灰、砂子、不等径的岩屑等。有的先用石子、砂子单独灌注，充填过水通道，缩小过水断面，后用水泥复合浆液进行灌注，以达到堵水和加固的目的。

（1）砂和石屑的选材：一般应选用质地坚硬含杂质少的黄砂及不含棱角的石子，砂的含泥量一般应低于3%～5%，集料的中粗砂量应控制在30%～40%较佳。碎石的颗粒应密实坚硬，形状整齐、岩粉很低，以卵石和棱角碎石为好。石子的最大粒径应视岩土洞穴及注浆管径和地下水流速的大小而定，进行粒径搭配，最小粒径控制在5～10mm，最大粒径控制在40mm左右。

（2）粉煤灰是煤粉燃烧过程中在烟道气中收集的一种飞灰。由于粉煤灰本身有一定的潜在活性，质轻量大，来源充分，价格低廉，在裂隙性岩土中注浆，掺用以代替部分水泥可取得较好的技术经济效果，目前已被广泛应用。粉煤灰的化学成分以二氧化硅和氧化铝为主，并含有少量的氧化铁、氧化钙、氧化钠、氧化钾及三氧化硫等物质。粉煤灰由于本身具有一定的火山灰活性，可以代替部分水泥，同时也可以增加配浆时的用水量，从而降低浆液的密度。通常配制的粉煤灰水泥浆密度为1.6g/cm³左右，在配制浆液时，应尽量选用二氧化硅和氧化铝含量高、烧失量低、颗粒细的粉煤灰。

（3）黏土是一种浆液较常用的惰性材料。它具有就地取土、成本低、结石率高、不受地下水侵蚀等优点。但并非所有黏土都能配制合乎要求的注浆材料，因为瘦黏土注进裂隙后所得到的沉淀物不够致密，抗静水压力低，但肥黏土沉淀很慢，黏结度很强，因而有时由于黏土的来源过远而影响使用的范围。黏土作为浆液的主要成分，总的要求如下：含沙量越少越好，颗粒越细越好，塑性指数越高越好，并具有一定的黏度。黏度太大，可注性较差，影响注浆泵的吸浆和输送；黏度过小，浆液凝结后塑性强度低，容易影响堵水效果。

2.无机化学材料及浆液性能

一般为不含碳元素的化合物和含有简单碳元素的化合物的总称为无机化合物，如碳酸钠、水玻璃等均为无机化合物。无机化学材料目前应用最广，特别是水泥，既可用作单液注浆，也可与水玻璃等浆液用作双液注浆。水泥作为注浆材料使用历史悠久，是所有注浆材料中使用最广的一种。它具有来源丰富、价值低廉、浆液结石体强度高、抗渗性能好的优点。由于水泥是颗粒性材料，对微细裂隙及细砂层较难注入，我国注浆对改善水泥性能方面做了大量工作，采用以水玻璃等各种化学附加剂来提高水泥的可注性，缩短凝固时间，提高结石体早期强度和稳定性等，都取得了极好的效果。

（1）目前注浆常用的是普通水泥，其次为矿渣水泥、矾土水泥、膨胀水泥及超细水泥。

①普通水泥即硅酸盐水泥，是水泥中产量最大、注浆用量最广的一种。它是由黏土和石灰石调匀后在转窑中经过1500℃以上温度煅烧成熟料，然后掺入定量石膏、铁粉和混合材等，磨粉而成。

②矿渣水泥是将炼铁炉在出炉时冷淬，得到多孔轻质的粒状物，其主要成分为氧化钙、二氧化硅、氧化铝等与水泥熟料及石膏等共磨制成。矿渣水泥与硅酸盐水泥的差别，主要是氧化钙含量比普通硅酸盐水泥少。

③高铝水泥由磨细的矾土和石灰石的混合物共同熔融而得。该种水泥的氧化钙含量较低，而氧化铝含量高。其特点是水硬速度快，是一种早强的水硬性胶凝材料。

④耐酸水泥是磨细的石英砂与具有高度分散表面的活性硅土物质的混合物，该种水泥具有抗酸腐蚀的功能。

⑤一般水泥只能渗入渗透系数大于5×10^{-2}cm/s的粗砂层和宽度大于0.2mm的裂隙，而超细水泥能渗入渗透系数为$10^{-3} \sim 10^{-4}$cm/s的中细砂层及裂缝小于0.2mm的岩层。超细水泥（MC）是以极细的磨细水泥颗粒组成的无机注浆材料，配成浆液有极好的渗入性和耐久性。近年来研制出的超细水泥，其D50（50%的粒径尺寸）小于4μm，一般水泥的比表面积通常为几百到3000cm^2/g不等。

注浆用水泥浆浓度的确定应遵循的基本原则：浆液浓度应遵循由稀到浓的原则。一般开始时注稀浆来充填小的裂缝，视其吸浆程度再使用浓浆充填大的裂缝，最后以稀浆充填微裂隙并起加固作用。注浆时当注浆压力保持不变，而稀浆量有均匀减少时，或当稀浆量不变，而压力有均匀升高时，注浆工程应持续下去，可不改变水灰比。当注浆采用最大浆液浓度，而吸浆量很大，并不见减少时，可使用间歇注浆，其间歇时间的长短应根据水泥品种、标号及岩石裂隙大小等确定。向岩石断层带、破碎带、喀斯特溶洞及巷道空间注浆，当吸浆量特大时，宜先用砂石等粒度较大的惰性材料注入，但这些材料应是不溶于水的，并对水泥凝结与硬化不产生有害影响。水泥的硬化是泥浆变成固体产生机械抗压强度的过程。水泥的凝固和硬化是由于水的作用在水泥中产生复杂的物理化学变化的结果。

（2）水玻璃（又称泡花碱）在酸性固化剂作用下可以产生凝胶，注浆常用的水玻璃是将石英砂与碳酸钠（或硫酸钠）等在高温炉内烧熔而得。常见的水玻璃有固体（块状和粉末状）和液体两种，注浆用的水玻璃多是一种灰蓝色黏滞液体。

3.有机化学注浆材料及浆液性能

所谓高分子化学注浆材料，一般是指分子量在104以上的物质，除少数简单的氧化物及金属的碳酸盐等化合物以外，所有含碳的化合物均为有机化合物，如铬木素、丙烯酰胺、脲醛、聚氨酯等均为有机化合物注浆材料。

由于高分子有机化学材料具有溶液（溶胶）的特点，较之悬浮液易于注入细微裂隙，溶胶的分散小颗粒直径在0.1μm～1nm之间，这种颗粒在普通显微镜下很难看见。但高分子有机化学注浆材料目前价格较贵、毒性较大，易污染环境，危害人体健康且结石率强度较低，应用范围和工程规模受到一定限制。目前，多用于松散砂层及防渗、堵漏和补强的岩土工程中。

（1）铬木素浆液是由亚硫酸盐纸浆废液为主剂，重铬酸盐（常用重铬酸钠）为胶凝剂所配成的化学注浆材料，为了加快凝胶速度往往加入三氯化铁为速凝剂。由于重铬酸钠含有六价铬离子，属于剧毒物质，使用该种材料时，往往有没有反应的六价铬离子随着地下水流走，造成水污染。

（2）丙烯酰胺（又称丙凝）在已研制出的各种注浆材料中，它是黏度最低、渗透性最好、凝胶时间能控制的材料，是一种比较适用的防渗堵漏材料，它广泛用来处理水工建筑物裂缝堵漏、大坝基础的帷幕注浆和矿井的防水堵漏等。该浆液是由主剂、交联剂、氧化剂、水按一定比例配合成的混合液体。其成浆的主要原理是以有机化合物丙烯酰胺为主剂与NH-亚甲基双丙烯酰胺或配合（HCHO）为交联剂，将此易溶于水的白色粉末状物质按10%的浓度溶于水中。该溶液的黏度与水近似（在20℃时为12cP左右）。此溶液在氧化剂过硫酸钠与B-二甲氨基丙腈或三乙醇胺的引发和氧化系统的作用下，发生交联聚合反应，形成一种类似胶状的具有弹性的、不溶于水的高分子聚合物。这种聚合物充填堵塞了砂层中的空隙或岩层裂隙，阻止水的通过，并把松散的砂粒胶结起来，从而起到堵水与加固地基的作用。

（3）脲素甲醛树脂是一种历史较久常用的合成树脂，是用脲素和甲醛缩合而成。由于脲醛树脂稀释后黏度降低，可注入砂层，也可用脲素甲醛加酸或酸性物质（如氯化铵等）后直接注入地层（这种液体黏度更小与水近似），并很快硬化，所以是一种注浆材料。该材料的显著特点是凝胶体强度高、材料来源较丰富、成本较低、性能较好，因而被广泛用于注浆。

（4）聚氨酯类注浆材料（又名氰凝）有水溶性（SPM型浆液）和非水溶

性（PM型浆液）两大类。它的主要成分是以多异氰酸酯与氢氧基化合物（聚酯、聚醚）作用生成的聚氨基甲酸酯，通称为预聚体，预聚体再与增塑剂、溶剂、催化剂、表面活性剂、泡沫稳定剂、填充剂等配成一种高分子注浆材料。

水溶性聚氨酯能与水以任意比例混合并与水反应成含水胶凝体；非水溶性聚氨酯只溶于有机溶剂。两者在实际应用时各有所长，但非水溶性聚氨酯应用较广，浆液的优点是凝胶时间能控制，固砂体抗压强度高，一般可达6～10MPa。特别是浆液遇水反应，地下水成为反应体系中的一个组分。用单液注浆，在动力条件下进行堵漏不会被流动水冲走。

（5）环氧树脂浆液通常采用普通双酚A型环氧树脂和胺类固化剂组成。该类浆液的特点是常温固化，固化后抗压强度和抗拉强度高，黏力小，收缩率小，一般在补强注浆中用得最多。近年来发展到基岩断层破碎带及泥化夹层的注浆处理，以及软弱基础的稳定性注浆处理，均有较广的应用。

黏土水泥浆材是一种新型、廉价的注浆材料，以黏土为主剂，水泥为结构生成剂，水玻璃作添加剂，应用于井筒和巷道堵水施工中，大幅度降低了注浆成本，显著地提高了注浆效果。黏土水泥浆液的配料为黏土、水泥和水玻璃，黏土是浆液的主要成分，具有一定的塑性指数。研究表明，塑性指数在15以上的黏性土一般均可作为配制浆液的原料，且塑性指数越高，黏土颗粒的分散性超好，造浆的效率越高。我国黏土资源丰富，大多数矿区注浆用黏土可就地取材；水泥是浆液的结构生成剂，水泥颗粒的水化作用使得浆液具有一定的结构强度，而且浆液结构强度的增长与水泥颗粒水化反应速度有关，水化反应越快，浆液结构强度增长亦越快；水玻璃是浆液的添加剂，它促使水泥颗粒更快水化，在浆液结构形成过程中起加速剂的作用。黏土水泥浆之所以能起到堵水作用，主要取决于浆液的黏塑型特征，而不是浆液的抗压强度，这是采用黏土水泥浆注浆的一个基本观点。

（四）注浆材料的使用范围及要求

从注浆后的强度和经济角度来看，常注入水泥浆适用于岩石裂隙或粗砂、砾石层注浆。不仅可以注进水泥浆液阻挡水流，还能提高岩层或土层的强度。但是，在涌水量大的情况下，虽水泥浆液可以完全注进去，但在凝结之前容易被地下水稀释，产生流失现象，不易达到注浆的目的。这样，就存在浆液的可注性和凝结时间两个方面的问题。为了解决这个问题，在注入过程中，要求浆液应有较低的黏度、易于渗透扩散，还能速凝。同时，粒径较大使进入细微裂隙的能力低；因易于析水沉积而稳定性差，硬化后的结石体积收缩等。我国研制出不同种类的超细水泥浆材、改性浆材和膏状浆材，并且在实践中取得成功。例如，利用超细水泥加固弱风化的岩体；利用改性水泥可以在浆体硬化过程中产生微膨胀，可以调节浆体凝结时间和膨胀稳定性，并提高硬结浆液的早期强度。

1.注浆材料的使用范围

（1）在中等静水压力下向中等裂隙岩层中注浆，使用中等标号水泥。

（2）在地下水压力一般的情况下向小裂隙和细裂隙含水岩层中注浆时使用高标号水泥。

（3）当向含水裂隙岩层和沿裂隙有大量循环水的岩层注浆时，在吸浆量很大而压力不升高的条件下，使用速凝水泥。

（4）水玻璃和水泥组成双液浆常用于松散破碎岩体的堵水加固。

把一定数量的填料添加到浆液中，可以减少水泥的消耗量和提高浆液的浓度。填料分为两种：一是来自岩石（石灰岩、砂、黏土等）的天然材料；二是来自工业废料（高炉渣、锅炉渣、锅炉灰等）的人工充填掺料。浆液中填料的含量应该经过实验室用试验方法确定。

2.注浆使用的纯水泥浆应该具有的特性

（1）流动性好，能够用泵通过管路压注到钻孔中，渗透能力好，能使浆液在压力作用下沿着岩层裂隙和孔隙扩散并达到需要的距离。

（2）具有一定的稳定性，在含水岩层的整个注浆时间内能够不改变其性质。

（3）具有一定的抗水性，能保证浆液不被地下水冲刷和冲淡。此外，这些浆液在固化时必须能够保证具有很高的结石率，结石收缩率最小，强度最大和不透水，以及对地下水侵蚀作用有一定的抗水性。根据受注含水岩层的裂隙率应该设法使用低水灰比的浓水泥浆。

3.化学浆液具有某些水泥浆液所不具备的特性

（1）黏度低，可以注入微细裂隙。

（2）凝固时间可以准确控制。

（3）固结体可以适于补强用的塑料体、应变形的橡胶体或止水用的凝胶体等，因而可以满足工程的多种要求。但化学浆材的成本高，配方比水泥浆液复杂。一般情况下，尽量先采用水泥浆材，若不能奏效，才使用化学注浆。在化学浆液中，水玻璃仍然是主要化学注浆材料。水玻璃材料价格低廉，广泛地用于许多方面，如矿井和砂砾石层的地面预注浆，井壁防渗堵漏等。此外，水玻璃和水泥组成双液浆常用于松散破碎岩体的堵水加固。

三、注浆技术方法

（一）帷幕注浆

帷幕注浆截水技术是在含水层段中尽量垂直地下水流方向注浆建造地下"帷幕"（阻水墙），拦截强大地下水流于矿区或采掘区之外，减少含水层段的侧向补给水量，使矿区或采掘工作区的动态涌水量大幅度减少，进而易于疏干，以防止矿井水害的发生。为提高注浆截流效果，减少工程投资，帷幕注浆工程应重点布置在地下水的强径流带或导水通道上。由于帷幕注浆截水技术是一种从源头消除矿井水害的防治水措施，在煤矿矿井水害防治工作中应用领域越来越广。

当矿井充水来源以大气降水补给为主时，在井田边界附近地表汇水区与矿床主要充水含水层之间注浆建造地下帷幕阻水墙，隔断两者之间的水力联系。当所采煤层的直接顶底板为主要充水含水层时，为减少采掘过程中矿井涌水量，改善生产条件，避免矿井水灾害发生，应在井田边界附近或其他适当位置，对主要充水含水层实施帷幕注浆截流工程，切断对矿坑的补给水源。

在露天矿剥离地表松散沉积层或上覆含水层时，为保护浅部水资源，减少矿坑涌水量，可在剥离边界以外对地表松散沉积层或上覆含水层实施帷幕注浆截流工程，切断矿坑与周边的水力联系，以控制地下水位漏斗影响范围在剥离工程和矿坑排水能力所允许的范围内。在富水地段的流沙层、砂砾层、基岩风化层中开凿井筒时，为防止淋水、涌水、溃砂、井壁坍塌等灾害，可在地面环绕井筒打注浆孔实施帷幕注浆，把地下水隔阻在开凿范围及其影响带之外。有的矿区开凿井筒时，曾应用"冻结法"将井筒周围地下水冻结后施工，也能达到实施帷幕注浆效果。

（二）注浆堵水

封堵导水通道就是在矿井充水水源与采掘区之间的连接通道上实施注浆工程，切断充水路径，达到预防或治理矿井水害的目的。断层、规模较大的张性裂隙、溶隙、溶洞、陷落柱、封孔不良的钻孔等是最常见的突水导水通道。注浆封堵导水通道可分为突水前预注浆封堵和突水后注浆封堵。

1.突水前预注浆封堵

对于由各种探查手段查明，有可能发生突水并给矿井建设和生产带来危害的导水通道，应在采掘工程揭露或发生突水之前，对导水通道实施预注浆封堵，以达到预防矿井水害发生的目的。

2.突水后注浆封堵

由于导水通道具有隐蔽性、复杂性和难预知性，尽管我们在矿井建设和生产过程中采取了种种矿井防治水措施，有时仍然有可能意外地发生矿井突水，严重的甚至会淹没采掘工作区或矿井。注浆封堵导水通道是治理水害，快速恢复采区、工作面或矿井生产常用的有效方法。查明突水水源及导水通道的性质、位置和产状是注浆封堵导水通道成功的关键。这就需要采取突水水样，进行水质分析化验，与可能的水源水质比较，判断突水水源；对突水前的突水征兆，突水过程中充填物、水量、水温、水位等变化的突水特征，以及水文地质背景条件进行分析；必要时应进行物探甚至钻探工作。确定突水水源和导水通道的确切空间位置，实施注浆封堵。

第四节　矿井疏水降压技术

一、概述

疏水降压防治矿井水害技术是对威胁矿井安全生产的煤层顶底板含水层或煤系地层含水层，通过专门的疏水工程（疏水石门、疏水巷道、放水钻孔、吸水钻孔等）和技术措施在人工受控的条件下有计划、有步骤地进行超前预疏干或疏降水压，使其水位（压）值降至某个水平安全采煤时水位（压）值以下的过程。其基本内容包括疏干和疏水降压两个方面，疏干是指通过疏水将含水层的水位降至矿井主要工程层位标高以下，从而避免矿井在开拓和生产过程中含水层水直接流入工作面，它主要用于矿井直接充水含水层或自身充水含水层。疏水降压是指通过疏水将含水层的水位降至预先设计的安全标高之下，从而减轻或避免矿井在开拓和生产过程中含水层水在水压力的作用下破坏其上下隔水层而涌入矿井，它主要用于煤层顶底板间接充水含水层。

疏水降压的目的是预防地下水突然涌入矿井，避免突水灾害事故，改善劳动条件，提高劳动生产率，消除地下水高水压造成的破坏作用等，是煤矿防治水的一项主要措施。

二、疏水降压的类型与适用条件

（一）疏水降压的类型

按疏降工程布置和组合形式，疏降类型可分为地表、地下和联合疏降三种形式。

1.地表疏降

地表疏降主要发生在预先疏降阶段，也可应用于开采疏降。它是在地表按需要打钻孔到疏降含水层内（含水层埋深浅时也可挖明渠），用深井泵或潜水泵从相互干扰的孔组中把水抽到地表，使开拓或采掘区段处于降落漏斗之上，达到安全生产的目的。常用的地表疏降工程有深井降水孔、吸水孔、水平放水孔及明沟等。

地表疏降一般适用于矿床埋深较浅的矿区。随着高扬程、大流量潜水泵技术的进步，地表深井疏降技术正在快速发展。

2.地下疏降

地下疏降主要应用于开采疏降阶段，也用于生产过程中的局部预先疏降。它是在巷道中施工疏降工程，将应疏降的含水层水放入坑道，汇流进水仓，用水泵排出地表。常用的地下疏降工程有疏降巷道、疏降钻孔两大类。地下疏降工程施工困难，建设时间长，建设过程中有时可能会发生突水、溃砂事故，投资和排水费用也较高。为便于施工，提高效率，通常根据水文地质条件的差异，采用巷道和钻孔相结合，进行地下疏降。

3.联合疏降

联合疏降常应用于矿井水文地质条件比较复杂的矿井，或矿井水文地质条件趋向恶化的老矿。从经济和安全方面考虑，当单纯疏干或单一矿井的井下疏干不能满足矿井生产要求时，应考虑采用地表疏降、地下疏降或多井联合疏降的方式。

（1）地表井下联合疏干是指在同一矿井（区），同时采用地表疏水和井下疏水两种方式。地表井下联合疏水一般是在矿井水文地质条件复杂，单一疏干方式效果不好或不够经济合理时采用。

（2）多矿井联合疏水是指在一个矿区或同一个水文地质单元内，采用两个以上多个矿井联合疏水，相邻矿井之间的疏水系统互相协调，形成对同一含水层的整体疏水系统。虽然矿井可以人为地划分为多个，但不同矿井受水威胁的含水层往往是一个整体，它们具有统一的补给、径流和排泄方式。在这种条件下，不同矿井之间的疏水工程相互协调，统一规划，会取得更好的疏水效果。多矿井联合疏水一般在喀斯特充水矿床、大水矿区采用。

（3）供疏结合的联合疏水：为了解决矿区供水与矿井排水之间的矛盾，

可以利用矿区供水水源地直接作为矿井疏敢水系统，或者将矿井疏水系统直接用作矿区供水水源地，实现疏供水结合。

（二）疏水降压的适用条件

矿山的疏降方案通常是根据其具体水文地质条件及经济技术条件来选定的，一般在下列矿井水文地质条件下多采用疏水降压的矿井防治水技术。

（1）矿井主要充水含水层属于自身充水含水层。

（2）矿井主要充水含水层属于直接充水含水层。

（3）矿井主要充水含水层以静储水量为主，动态补给量有限。

（4）煤层顶板间接含水层与煤层之间隔水层的厚度小于工作面顶板导水断裂带（地质构造或采矿垮落形成的）高度。

（5）煤层底板存在高承压含水层，含水层与矿层之间隔水层的厚度小于安全生产需要的隔水层最小厚度，在自然状态下隔水层不能阻抗高压水的破坏和侵入。

三、疏水降压的地质和水文地质工作保障

（一）查明承压含水层的水文地质边界条件

各岩层与冲积层的接触带等都要进行水文地质分析，查明是否属于隔水边界、导水边界、弱导水或半导水边界，明确圈出疏降区的范围和圈定疏降区的边界封闭类型。

（二）查明疏降范围内的地质构造

对受水文地质条件影响的断层，逐个进行分析并计算断层两侧岩柱厚度与应有安全厚度的比值，查明断层具有的突水危险性；通过对各含水层的动态观测，综合分析各含水层间接触关系和地质构造因素等，查明欲疏降含水层的主要补给水源和补给途径。

（三）根据资料编制各种专用图件

专用图件包括井田内的水压、井田隔水岩柱厚度、隔水岩柱厚度与应有安全厚度的比值、井田分煤层开采的突水系数等的等值线图，以及各承压含水层水文地质边界条件分析图等。

（四）确定合理的疏水降压位和安全水压

（1）在隔水岩柱厚度比值等值线图和突水系数等值线图上圈出危险区。

（2）从岩柱厚度等值线图上查得该危险区的最小隔水岩柱厚度，求出安全水压值。

（3）从水压等值线图上找到该危险区的常年平均最高水压值，求出它与安全水柱压力的差值，即为设计的疏水降压值。

（4）根据疏水设计安全水位，重新绘制隔水岩柱厚度比值和突水系数等值线图，进一步分析检查是否还存在危险区。

四、疏水降压开采的工作步骤

疏水降压开采的工作步骤如下：

（1）进行以疏水降压为目的的补充水文地质勘探。对预定疏水降压区的含水层、隔水层、进水和隔水边界、构造分布、水压标高、水量、水质等进行综合分析。如资料不足，则需投入一定的补充勘探工程盘，以编制出疏水降压开采所要求的各种图件。

（2）分析资料提出疏水降压工程设计（包括图件和文字说明）。

（3）根据设计组织施工。

（4）随疏水降压开采工作的进展，及时进行观测，如发现异常情况，应立即处理。

（5）总结经验，效果评价，并提出今后工作意见。

第五节　矿井防排水技术

一、矿井井下防水

（一）井下防水内容

矿井井下防水主要是预防井下突然涌水的应急措施，主要包括井下各采掘工作面水情预测预报、探放水、大水矿井的隔离开采、防水闸门（墙）的设置、各类防水煤（岩）柱的合理留设、隔水层利用与突水预测预报等。

（二）井下防水的种类

矿井井下防水包括以下六种类型：

（1）矿井各采掘工作面水情预测预报。

（2）矿井探放水工程。

（3）大水矿井的隔离开采。

（4）防水闸门（墙）的设置。

（5）各类防水煤（岩）柱的留设。

（6）隔水层利用与突水预测预防。

（三）井下防水技术要求

（1）有计划、有针对性地进行矿区和矿井水文地质调查、勘探和各项观测工作，查明矿井各种充水因素，分析研究各类地下水的储存运移规律，根据生产安排的需要，不间断地提供水文地质资料，并对采掘工作面进行细致的年度、月度水情分析预报，研究预防措施。

（2）坚持"有疑必探，先探后掘（采）"，进行井下探放水工作；探水工程的超前距、安全套管下放深度和固结控水装置方式、安全注意事项，应按规程和设计要求严格执行。

（3）有突水危险的矿井或区域，要按照《煤矿安全规程》的规定和要求，设置防水闸门，创造控制隔离条件后方可采掘；有的危险区要设置放水闸墙进行封闭隔离，以减少危险和涌水量。

（4）在相邻矿井的边界处，断层两侧，喀斯特陷落柱、大片老空积水区及其他对矿井有威胁的水源周围，要根据条件和需要正确留设各类防隔水煤（岩）柱，避免和控制水害的发生和蔓延。

（5）煤矿要同时研究含水层、隔水层，确切了解每一个采区和采煤工作面隔水层的厚度、岩性及其层次组合关系，结合突水规律、突水机理，充分利用隔水层预测和预防突水，同时为疏水降压提供合理的安全水压值。

（6）煤矿要对古井小窑采空区和本井采空区积水进行调查分析和核实，采取慎重、稳妥的措施，事前加以探放或有效隔离，不留后患。

（四）井下防水技术内容

（1）利用突水系数判别突水危险程度，对受水威胁煤层进行分区评价，做到心中有数，并明确重点。

（2）加强对导水构造的分析和探查，预防突水灾害的发生。

（3）钻探、物探结合，确切查明每一个受水威胁采煤工作面的底板隔水层厚度及其变化，原始导高的存在状况。利用原始导高和信息指示层的水压、水量，判别强含水层在采煤地段的富水性，预测开采威胁程度。

（4）利用原始导高和信息指示层的高水位区，分析导水构造的存在，判断采动条件下地下水"再导升"现象的发展，预报突水危险。

（5）观测直接顶、基本顶来压规律，分析集中支承压力强度，改进工作面的布置，减少矿压对底板的破坏深度和引张力的强度。

（6）加强对采煤工作面底板断裂构造及节理展布规律的分析，避免工作面推进方向与导水构造裂隙的走向平行。

（7）需要时注浆加固，改造水文地质条件。

（五）防水闸门与防水墙

防水闸门与防水墙是井下防水的主要安全设施。凡受水患威胁严重的矿井，在井下巷道布置和生产矿井开拓延伸或采区设计时，应在适当地点预留防水闸门和防闸墙的位置，是矿井形成分翼、分水平或分区隔离开采，在水患发生时达到分区隔离、缩小灾情、控制水势危害、确保矿井安全的目的。

二、矿井防、排水系统

矿井防、排水系统的建立是煤矿安全生产必备的五大环节之一，必须符合《煤矿安全规程》规定之要求。多事故大水矿井在加强防治水工作的同时，必须保证《煤矿防治水规定》规定的抗灾抢险的排水能力和相应的防水系统建立。作为矿井水文地质工作者，在做好水文地质工作、减少矿井排水负担的同时，必须关心和重视矿井排水系统和相应防水系统的建立健全。根据有关规程的规定及国内几十年来安全生产的实践经验，建立矿井排水和防水系统应包括如下内容：

（一）水仓

水仓容量保证能在一定的时间内存储一定的涌水量，以便能有缓冲时间来排除排水系统的一些偶然停运故障。它应具备下列功能：

（1）有相应连接又可控制隔离的主、副仓，便于轮流清理淤泥杂物，保证水仓容量的有效性。

（2）有足够的供水泵吸水管（阀）安放且与水仓连接的吸水小井。

（3）水仓进水口沉淀池和流量堰口要根据水量大小，有足够的稳流沉淀容积、稳定隔板和标准的不漏水堰口，便于及时准确测定流量。

（4）应急储水区。

（5）与泵房相连的水平大巷临时抢险隔离闸板门。

（二）泵房

按设计要求按照足够台数的水泵及相应的配电盘和开关，所建泵房要满足以下要求：

（1）有便于水泵及电动机进出的通道。

（2）必要时要预留安泵位置和接电开关，一旦需要可突击增加水泵。

（3）泵房内的环形管路及相应的闸阀能有利于充分发挥排水管路和各台水泵的能力，启动和调配水量方便合理。

（4）当同一矿井、同一水平有数个泵房时，其底面标高应尽可能一致，这样便于协同排除该水平的来水，形成统一的排水能力，防止低位泵房被淹，高位泵房还发挥不了排水功能。

（三）排水管道

其管径要与水泵能力相匹配，其趟数要与总设计排水能力相匹配，其壁厚要与相应的扬程相适应，这些应由设计部门选型。作为矿井水文地质工作者，需要掌握不同直径管路的通水能力。

（四）水泵

水泵的选型要依据扬程、排量和匹配的管径，以及电动机类型、电压等综合分析确定。其台数与排水能力必须符合《煤矿安全生产规程》的有关规定，满足同时有运转、备用和检修水泵的条件。

（五）供电系统

供电系统要与水泵供电负荷相匹配，并保证双电源双回路供电，以便一路电源发生故障时，另一路电源能立即供电，从而保障排水系统的不间断正常工作。

（六）闸门系统

对大水矿井来说，根据具体的水文地质和工程地质条件，要整体考虑矿井采区开拓部署，实行分水平、分煤层、分区域甚至分采区的隔离措施，修建水闸门系统，以便于某一地点发生意外突水时，可立即关闭闸门，使灾情迅速得到控制，保障其他地点正常地安全生产。这是矿井的重要防水系统。有水害威胁的矿井，它与排水系统同等重要。

三、矿井防、排水系统的基本数据

为了统筹考虑防治水工作，矿井水文地质工作者要全面了解矿井的防排水系统，并及时掌握下列基本数据和情况：

（1）泵房标高和水泵出水标高，排水管井巷的垂直深度和斜长及断面、坡度。

（2）水仓的经常性有效容量。

（3）进入该水仓的经常性水量和最大水量，水流路线及其来水区域及充水原因。

（4）水泵规格型号及台数，每台水泵的额定和实测扬程量及电机功率和供电电压。

（5）水管规格及排数，每排的过水能力，结合水泵能力确定泵房的最大综合排水能力。

（6）供电线路规格、长度及其能力。

（7）泵房密封门、配水小井控水闸阀的完好程度。

（8）水闸门所在位置的标高，控制范围，周围隔水煤（岩）柱宽度，上、下层采掘区重叠情况，层间距及岩性组合情况。

（9）水闸门设计抗压能力、耐压试验情况、水沟断面及其过水闸阀规格型号。

（10）水闸门启闭及维修管理工具、器材数量及其存放地点，专职或兼职管理维修人员名单。

（11）水闸门维修管理制度。

（12）与水闸门配套的水闸墙所在位置标高、控制范围、周围隔水煤（岩）柱宽度，水闸墙内的积水量和水位标高。

（13）水闸墙设计的抗水压能力，耐压试验情况或注浆升压情况，墙上留设的水管及闸阀的材质及规格型号。

（14）矿井边界煤（岩）柱及其他类型煤（岩）柱的情况、设计尺寸、实有尺寸，以及不足原因和所在地段等。

第六节　井下探放水技术

一、概述

（一）探放水的目的

井下探放水技术是指矿井在采矿过程中用超前勘探方法，查明采掘工作面顶底板、侧帮和前方的含水构造（包括陷落柱）、含水层、积水老窑等水体的具体空间位置和产状等，其目的是为有效地防治矿井水害做好必要的准备。

（二）探放水的原则

探放水工程的布置是以保证矿井安全生产为目的，采掘工作必须执行"有疑必探，先探后掘"的原则。施工过程中遇到下列情况之一，必须进行探放水：

（1）采掘活动接近水淹的井巷、老窑或小窑时。

（2）接近含水层、导水断层、含水裂隙密集带、溶洞和陷落柱时，或通过它们之前。

（3）打开隔离煤柱防水前。

（4）接近可能与河流、湖泊、水率、蓄水池、水井等相通的断层破碎带或裂隙发育带时。

（5）接近可能涌（突）水的钻孔时。

（6）接近有水或稀泥的灌浆区时。

（7）采动影响范围内有承压含水层或含水构造，或煤层与含水层间的隔水岩柱厚度不清，可能突水时。

（8）接近矿井水文地质条件复杂的地段，采掘工作有涌（突）水预兆或情况不明时。

（9）采掘活动接近其他可能涌（突）水地段时。

（三）探放水的范围

采掘工作面遇有下列情况之一，必须进行探放水：

（1）接近水淹或可能积水的井巷、老空或相邻煤矿时。

（2）接近含水层、导水断层、溶洞和导水陷落柱时。

（3）接近水文地质条件复杂的区域，有突水预兆时。

（4）采动影响范围内有承压含水层或含水构造，或煤层与含水层间的隔水岩柱厚度不清，可能突水时。

（5）打开隔离煤柱放水时。

（6）接近可能与河流、湖泊、水库、蓄水池、水井等连通的断裂构造带时。

（7）接近有水的灌浆区时。

（8）接近有出水可能的钻孔时。

（9）接近其他可能出水地区时。

（四）探放水类型

一般探放水的对象包括老空、断裂构造、陷落柱、导水钻孔和充水含水层等。

二、探放老空水

（一）探放水工程设计的内容

（1）探放水巷道推进的工作面和周围的水文地质条件。

（2）探放水巷道的开拓方向、施工次序、规格和支护形式。

（3）探放水钻孔组数、个数、方向、角度、深度和施工技术要求及采用的超前距与帮距。

（4）探放水施工与掘进工作的安全规定。

（5）受老空水等威胁地区信号联系和避灾路线的确定。

（6）矿井探放水工程设计施工现场的通风措施和瓦斯检查制度。

（7）防排水设施，如水闸门、水闸墙等的设计，以及水仓、水泵、管路和水沟等排水系统及能力的具体安排等。

（8）矿井探放水工程必须设计施工面水情及避灾联系汇报制度和灾害处理措施。

（9）矿井探放水工程设计必须有老空水体位置、老空积水区与现采据工作面的关系图、探放水钻孔布置的平面图、剖面图及钻孔施工位置图、避灾路线等。

（二）探放老空水的原则

探放老空水除了要遵循上述探放水原则外，还应遵循下列探放老窑水的具体原则：

（1）积极探放。

（2）先隔离后探放。对于与地表水有密切水力联系且雨季可能接受大量补给的老窑水，以及老窑的积水量较大，水质不好时，为避免负担长期排水费用，应先设法隔断或减少其补给水量，然后再进行探水。

（3）先降压后探放。对水量大、水压高的积水区，应先从顶底板岩层打穿层放水孔，把水压降下来，然后沿煤层打探水钻孔。

（4）先堵后探放。当老窑区为强含水层水或其他水源水所淹没，出水点有很大的补给量时，一般应先封堵出水点，再探放水。

三、探放断层水

（一）探放断层水的原则

凡遇下列情况，必须探放水：

（1）采掘工作面前方或附近有含（导）水断层存在，但具体位置不清或控制不够严密时。

（2）采掘工作面前方或附近预测有断层存在，但其位置和含（导）水性不清，可能发生突水事故时。

（3）采掘工作面底板隔水层厚度与实际承受的水压都处于临界状态（安全隔水层厚度和安全水压的临界值），在采煤工作面前方和采面影响范围内，是否有断层情况不清，一旦触及很可能发生突水事故时。

（4）断层已被巷道揭露或穿过，暂时没有出水迹象，但由于隔水层厚度和实际水压已接近临界状态，在采动影响下，有可能导致断层活化并引起突水，需要探明在深部其是否已与强含水层或底板导升高度相连通时。

（5）井巷工程接近或计划穿过的断层浅部不含（导）水，但在深部有可能突水时。

（6）根据井巷工程和自设断层防水煤柱等的特殊要求，必须探明断层时。

（7）采掘工作面距已知含水断层60m时。

（8）采掘工作面接近推断含水断层100m时。

（9）采区内小断层使煤层与强含水层的距离缩短时。

（10）采区内构造不明，含水层水压又大于2～3MPa时。

（二）探查的主要内容

探断层水的钻孔应与探断层构造孔结合起来，需查明的具体内容如下：

（1）断层的位置、产状要素、断层带宽度及伴（或派）生构造和其导水、富水性等。

（2）断层带的充填物、充填程度、胶结物和胶结程度，断层两盘外带裂隙、岩溶发育情况及其富水性。

（3）断层两盘对接部位岩性及其富水性，煤层与强含水层的实际间距（隔水层的厚度）。

四、探放钻孔水

矿区在勘探阶段施工的各类钻孔，往往贯穿若干含水层组，有的还可能穿透多层老空积水区，甚至含水断层等。若封孔或止水效果不好，人为沟通了本来没有水力联系的含水层组或水体，就会使煤层开采的充水条件复杂化。因此，必须采取有效措施防止出现导水钻孔，封闭确已存在或有怀疑的所有导水钻孔。

（一）防止出现导水钻孔的基本措施

（1）各类勘探孔达到勘探目的后，应立即全孔封闭，包括第四系潜水含水层以下各含水层组。

（2）为了防止水砂分离或黏土稀释流失，封孔不能用水泥砂浆或黏土，要用高标号纯水泥。

（3）严重漏水段，应先下木塞止水，然后注浆，防止水泥浆在初凝前漏失。

（4）要先提出封孔设计，进行分段封孔并分段提取固结的水泥浆样品，实际检查封孔的深度和质量，由上而下，边检查边封闭，做好记录，最后提交封孔报告书。

（5）需要长期保留的观测孔、供水孔或其他专门工程孔，必须下好止水隔离套管。

（6）已下套管的各类钻孔，不用之前，也应按（1）（2）（3）条的要求加以封孔。

（7）所有钻孔的孔口均应埋设标志，并准备测斜资料，便于确定不同深度的偏斜位置。

（二）探放钻孔水的步骤

（1）绘制钻孔分布图，将过去有关部门钻进的各类钻孔都准确地标定在图上。

（2）建立钻孔止水质量调查登记表，分析确定有怀疑的导水钻孔，并将其标到有关的采掘工程平面图和储量图上，圈定警戒线和探水线。

第七节　带压开采技术

一、矿井带压开采的地质保障

（一）查清带压开采的矿区或采区地质、水文地质条件

（1）煤矿必须了解区域水文地质条件，熟悉井田或采区的水文地质条件，对充水含水层组的补、径、排条件和不同充水含水层组间的水力联系程度，以及保护层的防（隔）水性能等均应予以研究，以便更好地选择合理的防治水方法和制定出具体的带压（水）开采的措施。

（2）煤矿通过勘探，要对主要承压含水层的赋存情况、边界条件，以及可能的补给水源、补给水量等了解清楚，对突水时的最大水量提出预测或估算。

（3）对本井田范围内由承压含水层到所采煤层之间隔水层的岩性（隔水性）和厚度变化等资料要掌握确切，并按有关公式进行核算。对于顶板承压水，要编制岩柱厚度比值等值线图和必要的安全厚度的比值等值线图；对于底板承压含水层要编制突水系数等值线图。

（4）突水与地质构造因素有关，必须查明地质构造情况，对于落差大于5~10m的断层带，要单独计算突水系数，并在图上注明。

（5）带压开采的地区隔水层厚度应对于安全厚度；对于岩层虽较厚，但断层较多、完整性较差的区段，一般不宜带压开采。

（二）编制突水系数图

突水系数是指煤层底板每米厚度隔水层可以承受的临界地下水水压值

（MPa/m），它可以作为评价确定带压开采的临界安全水头的依据之一。突水系数的应用是通过突水系数图来体现的。一般包括两种突水系数图：一种是矿区或井田的突水系数图，比例尺常为1∶5000～1∶10000；另一种是大比例尺的采区突水系数图，比例尺一般为1∶1000～1∶2000，甚至更大些。采区突水系数图的编制方法如下：

（1）以煤层底板等高线图为底图，将已知断层和开采上部煤层新发现的断层及有用的矿井水文地质资料（如突水点）标于图上。

（2）根据水位资料编制等水位线图。

（3）根据以上两种资料绘制底板等水压线图。

（4）编制有效隔水层厚度等值线图。

（5）根据煤层底板充水含水层等水压线图和有效隔水层厚度等值线图，即可绘制出突水系数等值线图。

（三）矿井带压开采的采区设计和具体要求

（1）采煤方法上必须做到控制采高、均匀、间歇开采；对于一般的构造断裂和破碎带要防止垮落，对于"岩柱厚度比值系数"小于经验值的断层，必须按规定留设断层防水煤柱。

（2）要考虑突水、突大水的可能性；采面要准备好必要的泄水系统，做到煤、水不相互干扰，泄水和安全撤入不相互干扰；建造或预留水闸门（墙）位置，以便在必要时封闭整个采区。

（3）矿井必须参照可能突水时的最大预计水量及早准备好足够的备用排水能力，要做到水泵、管路、供电三配套，井下还应该建立警报系统、避灾路线和区域性的水闸门等。

（4）必须事先设置含水层的动态观测孔（网），以便随时掌握各含水层的动态变化。

二、矿井带压开采地质、水文地质条件说明书的编制

说明书的编制除按一般规程要求的内容外，还应注意以下四个问题：

（1）说明书的研究范围应按开采范围所在的水文地质单元或以构造为边界的地质块段来圈定，便于水文地质勘探和疏水降压钻孔的设计。

（2）说明书必须具备底板等高线图、剖面图、疏放水的具体施工图，还应编制1:1000/1:2000或更大比例尺的有关带压开采的专门水文地质图。根据等值线图，按突水临界值划分采区内具体的带压开采范围和降压开采范围及降压值，并根据降压范围结合巷道布置排水系统，设计放水降压钻孔和观测孔。

（3）根据断层造成局部隔水层变薄的情况，核实突水系数，对造成局部不符合安全开采条件的断层，要提出具体处理意见和措施，对开采区内的所有断层进行分析。

（4）在断层多且错动复杂的地段，要编制以充水含水层为主体的断层接触关系图，分析充水含水层的补给、排泄、水力联系等；对重要充水含水层还要进行水文地质勘探和试验，以查明充水含水层的厚度、岩溶发育情况、含水层间在断层接触段的连通情况；组织放水试验，确定充水含水层的动储量、影响半径及地下水的传导和渗透性能等，预测降压放水的涌水量、发生意外突水时的最大涌水量和稳定涌水量等。

三、矿井带压开采的安全措施

（一）建立强有力的排水设施

排水设施主要包括水泵、排水管路、适当容量的水仓和保险电源，位于奥陶系灰岩充水含水层富水带且又临近排泄带的矿井，其排水基地的建立更为重要。

1.建立防水线保护排水基地

大水矿井强有力的排水基地建成后，要用良好的维护制度以保持其额定的排水能力，排水基地与其他防水设施（如水闸门）结合使用更为有力，大水矿井在掘进通往水患煤层的巷道时，均应建立防水闸门，在发生超过排水基地排水能力的突水时，可关闭水闸门，保住基地，防止发生恶性水患事故。

2.建立警报系统

开采受水患威胁煤层的矿井，特别是在大于突水临界值的采区作业时，采掘工作面要设专职水情监视员，水情监视员应具有很强的责任心和一定的防水经验。采掘面还应建立水情记录，设置专用的电话和警报器；一旦发现恶性突水征兆，能及时发出信号，组织撤离；报警制度和细则应使全体人员熟知。

3.标明应急撤退路线

在大水矿井开采水患煤层，特别是在危险区作业，应确定并及时修订井下人员遭遇水险的撤退路线；路线应标在采矿防险撤退路线图上，沿线特别是分岔点应设有明显标记，使井下作业人员对此熟知。

（二）留设断层防水煤柱

实际资料表明，大水矿井大多数突水通道均为断层，在导水或易于突水的断层带留设防水煤柱是常用的防水方法，也是带压开采综合防治水方法中重要的防水措施之一。

（三）隔水层薄弱带的加固

由于沉积变薄或构造破坏都会降低隔水层的防（隔）水作用，以致成为发生突水的条件，隔水层的薄弱带需要加固。峰峰、焦作、龙山等矿进行的巷道穿过隔水层薄弱带的坚固实践，收到了良好的效果。

7

第七章　煤矿水害探测技术实例分析

第一节　富源县老厂矿区某煤矿瞬变电磁探测技术分析

一、任务

按云南滇东富源县老厂矿区某煤矿一井《滇东矿区水害综合防控技术研究与应用》项目（以下简称"项目"）合同要求，项目"掘进工作面前方富水性超前探查"子课题需完成"10次瞬变电磁法超前探测"。

工作要求为：101、102盘区 C_2 煤层顶板轨道大巷掘进前方含水构造探测，采取瞬变电磁法等有效物探方法，探明101、102盘区 C_2 煤层顶板轨道大巷四周80～100m范围（要求覆盖三条大巷）富水异常区及导水通道分布特征，为掘进工作面探放水施工提供依据。

二、方法选择

项目实施工作区域内地层沉积序列稳定，岩层和目的层区域水文地质特征明显，地层电性差异显著。从物理特性角度分析各地层存在物性差异，根据地下水、含水层与非含水层自身及它们之间存在的物性差异，可以利用地球物理方法来间接判断水文地质特征。

本次选择目前国内外公认的对低阻反应灵敏、抗干扰能力较强、施工灵活方便的瞬变电磁勘测法，立足于电阻率值的高低及等值线特征来分析、判断构造的富含水性及导水性，通过数据反演根据不同的电性差异对地层进行划分和解释，对地下断层、陷落柱等构造所造成的电性差异进行评估和判断，对富含水性及导水性较强的构造的分布和存在规律进行总结和归纳。

三、工作点位置

富源县老厂矿区某煤矿一井（以下简称"甲方"）根据煤矿工作需要，确定瞬变电法探测工作点。

2021年4月，甲方提出对101盘区C_2煤层顶板轨道大巷K0+657m、101盘区C_2煤层顶板回风大巷K0+625m处进行瞬变电法探测，该项工作已于2021年4月完成。

2021年9月，甲方提出对101盘区回风大巷K0+721.7m、10102顶板瓦斯抽采巷卷K0+49210103m、顶板瓦斯抽采巷（下段）K0+39.2m、10201胶带巷（上段）K0+230.6m、10201胶带巷（下段）K0+729.5m、1010201工作面轨道巷（下段）K0+612.2m、1010201工作面轨道巷（中段）K0+231m、1010201工作面胶带巷（中段）K0+218.7m。

四、阈值的确定

阈值又叫临界值，是指一个效应能够产生的最低值或最高值。异常划分通常有两种途径来确定：一是同比类推的方法，即先在测区内典型的已知异常体进行详细观测，对其观测数据进行细致分析、归纳，提取其本质特征作为整个测区异常划分的标准并确定异常划分等级的阈值，以此对其他测点进行对比判断和推测，本次勘探测区内已知水文孔资料较少，不具备该方法使用前提。二是数学统计方法，如果缺乏足够已知异常体作为判断推测的基准，可对实测数据进行数学统计，利用分析参数的均值、离差等数据，结合其他地质信息，确定异常划分依据及阈值。

本次工作将 25Ω·m 及以下视电阻率区段内确定为疑似含水区段；25 ～ 60Ω·m 视电阻率区段内确定为含水警戒区段；75Ω·m 及以下视电阻率区

段内确定为应按《煤矿防治水细则》要求进行探水区段。

五、初步综合分析

本次分别对测点前方顶板45°方向、顺层0°方向及底板45°方向进行了探测。

8个测点的总体出现如下趋势：

（1）①测点（101盘区回风大巷K0+721.7m处）、②测点10103顶板瓦斯抽采巷（下段）K0+39.2m处总体呈现较高的视电阻率，可能与这一区域注浆止水工程的作用有关；

（2）③测点10201胶带巷（下段）K0+729.5m处、④测点1010201工作面轨道巷（下段）K0+612.2m处、⑤测点1010201工作面胶带巷（中段）K0+218.7m处、⑥测点1010201工作面轨道巷（中段）K0+231m处总体呈现顶板45°方向→顺层0°方向→底板45°方向，视电阻率相对增大的趋势；

（3）⑦测点10201胶带巷（上段）K0+230.6m处、⑧测点（10102顶板瓦斯抽采巷K0+492m处）总体呈现顶、底板45°方向视电阻率小于顺层0°方向视电阻率的趋势；

（4）集中回风巷HF04、HF05及集中进风巷JF05、JF06出水点在⑤测点[1010201工作面胶带巷（中段）K0+218.7m处]，集中进风巷J02出水点在⑦测点[10201胶带巷（上段）K0+230.6m处]的视电阻率上均有明显的表现，从底板45°方向两个测点的视电阻率分布看，上述井巷出水点的视电阻率均小于55Ω·m。

六、分测点探测成果初步解释

（一）101盘区C$_2$煤层顶板轨道大巷K0+657m超前探

从所获成果分析，101盘区C$_2$煤层顶板轨道大巷K0+657m前方存在疑似含水区。疑似含水区主要位于巷道掘进方向中心线左侧底板（见图7-1、2、3）。现应对巷道掘进方向中心线左侧30°方向进行水平及向底板45°方向探水。

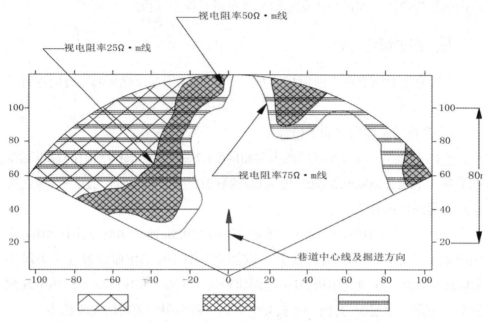

图7-1 轨道大巷K0+657m水平方向超前探成果图

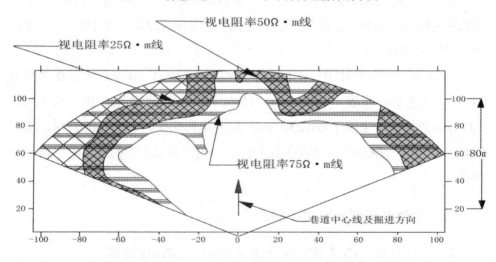

图7-2 轨道大巷K0+657m向顶板45°方向超前探成果图

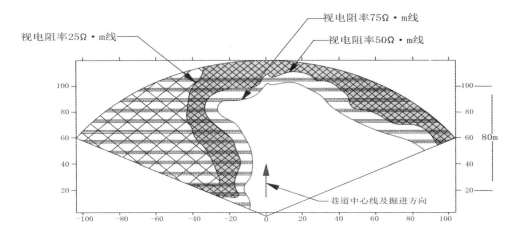

图7-3 轨道大巷K0+657m向底板45°方向超前探成果图

（二）101盘区C₂煤层顶板回风大巷K0+625m处超前探

从所获成果分析，101盘区C_2煤层顶板轨道大巷K0+625m前方存在疑似含水区。疑似含水区主要位于巷道掘进方向中心线左侧底板及水平方向（见图7-4、5、6）。现应对巷道掘进方向中心线左侧30°方向进行水平及向底板45°方向探水。

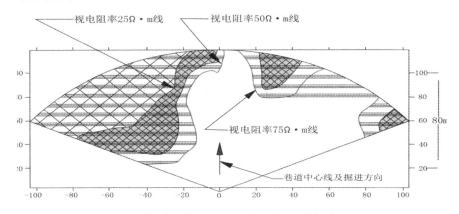

图7-4 轨道大巷K0+625m水平方向超前探成果图

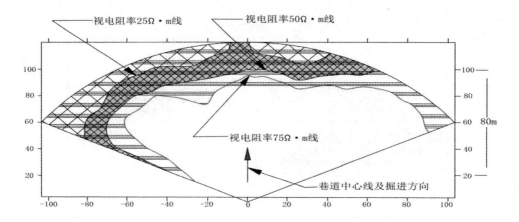

图7-5　轨道大巷K0+625m向顶板45°方向超前探成果图

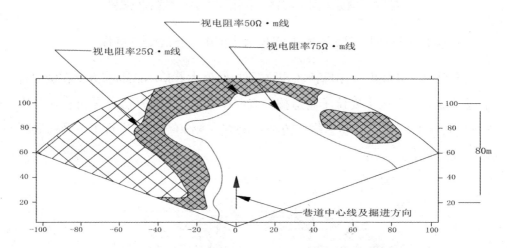

图7-6　轨道大巷K0+625m向底板45°方向超前探成果图

第二节 富源县老厂矿区某煤矿音频探测技术分析

一、工程概况

为探查1010201首采工作面C_2煤层顶、底板60m范围内含水层的富水性情况，根据现场工程条件，在1010201首采工作面进行了音频电穿透现场数据采集工作。数据采集完成后，对数据进行了深入的分析、处理、解释，形成此成果报告，为工作面回采提供基础物探资料。

本次工程的地质任务如下：

（1）探查1010201首采工作面C_2煤层顶、底板60m范围内的富水性情况；圈定异常区，为工作面的安全生产提供基础物探资料。

（2）提交井下物探成果报告及相关综合成果图件。

（3）做好后续生产过程中跟踪技术服务工作。

二、工作面地质概况

（一）地层

与1010201首采工作面相关的主要巷道（集中进风斜巷、集中回风斜巷、101盘区C_2煤层顶板回风大巷、10101顶板瓦斯抽采巷、1010201工作面胶带巷、1010201工作面轨道巷、1010201工作面开切眼巷道）及井下钻孔揭露地层主要为三叠系下统卡以头组（T1k）及二叠系上统长兴组（P_2c）。

三叠系下统卡以头组（T_1k）岩性主要为：下部浅灰绿色泥质粉砂岩夹极薄层细砂岩及灰白色钙质条带。底部含圆珠状钙质结核。向上渐变为灰绿色细砂岩夹粉砂岩，局部夹粉砂岩条带或薄层，具水平状、水平缓波状层理。厚85.34～151.79m，平均厚119.09m。

二叠系上统长兴组（P_2c）：卡以头组（T_1k）底部至C_2煤层顶界。岩性主要为：以粉砂岩与细砂岩为主，含薄煤或炭质泥岩2～3层，一般为2层（C_1、C_{1+1}）。厚13.99～34.83m，平均21.12m。

二叠统上统龙潭组第三段（P_2l^3）：C_4煤层顶至C_2煤层顶。岩性主要为：细砂岩为主，粉砂岩次之，夹薄层菱铁岩，一般为2层（C_2、C_3），其中：C_2煤层为全区稳定可采的中厚煤层，C_3煤层为全区大部可采的薄～中厚煤层。底部C_4煤层顶板有0.05～1.00m的黑色薄层状含炭泥质粉砂岩。地层厚19.55～41.65m，平均27.31m。

（二）C_2煤层

C_2煤层据地质勘探资料：实际见煤点为51个，可采点39个，占76%。煤层全层厚0.12～6.65m，工作面平均煤厚为1.5～1.6m。煤层结构简单，含夹矸0～2层，一般0～1层，控制点含矸14个，占27%，含矸控制点夹矸单层厚0.01～0.44m，一般0.10m。据巷道揭露情况C_2煤层顶板：泥质粉砂岩，深灰色、中厚层状，厚约10m；C_2煤层底板：泥质粉砂岩，深灰色薄～中厚层状，具水平层理，节理裂隙发育，厚约3m。

（三）断层

集中进风斜巷、集中回风斜巷、101盘区C_2煤层顶板回风大巷、10101顶板瓦斯抽采巷、1010201工作面胶带巷、1010201工作面轨道巷、1010201工作面开切眼巷道及井下钻孔揭露断层点77处，其中JF019129处断层点钻孔探测断距约60m、JF017处断层点钻孔探测断距约57m、DCH108与DCH109导线点间处断层点钻孔探测断距约29m，主要断层点情况见表7-1。

表7-1　与1010201首采工作面相关断层主要揭露点情况表

断层位置	断层产状（°）	落差（m）	性质	断层位置	断层产状（°）	落差（m）	性质
K0+138.6m	3∠55	5	正	K1+638m	130∠75	60	正
K0+268.3m	67∠62	10	逆	K1+756.9m	113∠81	9	正

续表

断层位置	断层产状 (°)	落差 (m)	性质	断层位置	断层产状 (°)	落差 (m)	性质
K0+455m	261∠75	7	正	K2+175.6m	114∠80	5	正
K0+756m	126∠60	16	正	K2+251.6m	269∠62	11	逆
K0+999m	270∠35	29	正	K2+307.9m	179∠80	2.4	逆
K1+75m	320∠80	15	正	K2+384.6m	91∠43	2.4	逆
K1+175.6m	324∠76	7	正	K2+527.9m	148∠62	3	正
K1+390m	315∠82	15	正	K2+620.6m	300∠52	12	正

（四）水文地质情况

水文地质类型：矿床围岩主要为泥质粉砂岩、粉砂质泥岩及泥岩，直接和间接的含水层为弱裂隙含水层，其富水性弱；浅部含水裂隙频数为 0.4 条/m，深部 0.14 条/m；钻孔单位涌水量浅部 0.02L/s.m，深部 0.009L/s.m；渗透系数深部比浅部减少 1.7 倍。井田构造属中等类型，矿床含水层一般和其他含水层无水力联系。矿体基本位于井田最低侵蚀基准面以下，矿体上下均有可溶岩灰岩岩溶强含水层，且构造较发育。各含水层主要接受大气降水的入渗补给，局部地段接受丕德河、岔河、松茅林水库、暗河入渗补给，地下水动态变化受大气降水的控制。在浅部地下水交替循环强烈，随深度增加含水层富水性逐渐过渡为极弱水（碎屑岩区），地下水交替循环缓慢。浅部地下水均以垂向交替为主，侧向交替较弱形式径流，即排泄条件较好的畅流型地下水迳流；深部则与此相反。井田水文地质类型为层状岩类为主的裂隙弱含水层充水的中等类型。1010201 首采工作面顶、底板主要为泥质粉砂岩，裂隙发育；巷道掘进过程中主要水源为卡以头组砂岩裂隙水。

1010201 胶带巷上段涌水量为 3m³ ~ 5m³/h；1010201 胶带巷中段涌水量为 35m³ ~ 37m³/h；1010201 胶带巷下段涌水量为 2m³ ~ 3m³/h；1010201 轨道巷上段涌水量为 2m³ ~ 3m³/h；1010201 轨道巷中段涌水量为 2m³ ~ 3m³/h；1010201

轨道巷下段涌水量为1m³~2m³/h；全矿井正常涌水量为180m³~190m³/h；最大涌水量为210m³~230m³/h。

集中进风斜巷、集中回风斜巷、101盘区C_2煤层顶板回风大巷、10101顶板瓦斯抽采巷、1010201工作面胶带巷、1010201工作面轨道巷、1010201工作面开切眼巷道及井下钻孔揭露出水点51处。其西北部有丕德河及C_{7+8}煤层集水巷道分布。与1010201首采工作面相关水点分布位置见图7-7。

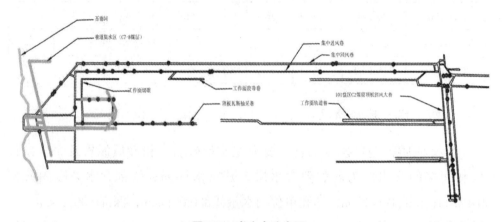

图7-7　出水点分布图

（五）地球物理特征情况

利用电法探测解决地质问题的前提条件是地质体和围岩存在电性差异。完整岩层的电阻率较高，但当其出现破碎、构造裂隙发育时，其电阻率会出现显著变化，当构造裂隙不充水时，其导电性会显著降低，电阻率增大；而当构造裂隙充含水时，其导电性会显著增强，电阻率降低，在电法资料上会形成等值线扭曲、凹陷等低阻异常现象。

一般情况下致密干燥的砂岩的电阻率为$3.9\times10^5\Omega\cdot m$，而天然情况下含水砂岩的电阻率为$3.5\times10^4\Omega\cdot m$，而煤系地层中砂岩由于压力、裂隙充水等因素导致其电阻率进一步降低，电阻率可以低至$10\sim10^3\Omega\cdot m$，这使得完整砂岩层与裂隙发育、含水条件好的砂岩区域的电性差异加大，这种视电阻率特性的变化能够较好地反映工作面顶底板砂岩水的分布情况，是电法探测的前提。

三、音频电穿透法探测

（一）技术原理

由于地下各种岩（矿）石之间存在导电差异，影响着人工电场的分布形态。矿井音频电穿透法就是利用专门的仪器在井下观测人工场源的分布规律来达到解决地质问题的目的。从大的范畴来说，矿井音频电穿透法仍属矿井直流电法。因其施工方法技术、资料处理技术的差异及主要针对性（探测采煤工作面内顶底板中低阻异常体）等原因而形成矿井音频电穿透法分支，与地面电法不同的是：矿井音频电穿透法以全空间电场分布理论为基础。对于均匀全空间，点电源产生的电场分布特征，可用如下关系式表达：

$$U_m = \frac{I\rho}{4\pi R} \qquad (7-1)$$

$$E_m = \frac{-I\rho}{4\pi R^2} \qquad (7-2)$$

$$j_m = \frac{I}{4\pi R^2} \qquad (7-3)$$

式中：U_m——电位；

E_m——电场强度；

j_m——电流密度；

I——供电电流强度，A；

ρ——均匀空间介质电阻率，$\Omega \cdot m$；

R——观测点到点电源的距离，m。

异常幅度、宽度与异常体的大小、异常体与围岩的电性差异及距收发面的距离等有关。异常体规模（体积与含水强弱的综合反映）越大、与围岩的电性差异越大、距收、发面距离越小，异常幅度就越大；反之则越小。图7-8为侧帮前存在含水体与不含局部水体等两种条件下电位测量曲线的比较示意图。

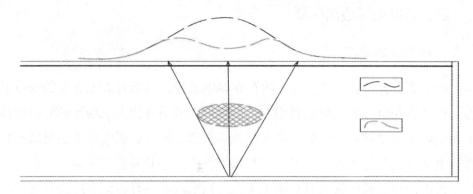

图7-8　工作面顶、底板低阻异常体探测曲线显示

（二）音频探测仪器设备

本次音频电穿透探测工作使用的仪器为西安煤科院研制并生产的YT120（B）矿井音频电穿透探测仪，是一种应用于矿井条件下水文地质条件探查的专用仪器。

主要特点为：采用本质安全型防爆形式、供电机具快速过流保护功能、测量精度高、抗干扰能力强，本次探测使用15Hz和120Hz频率，75V，12s供电。

（三）探测位置

音频电穿透探测工作区域：对上段切眼至 JF019 断层（129° ∠83°　H≈60m）及下段 JF017 断层（300°　∠80°　H=57m）至 102 盘区 C_2 煤层顶板回风大巷区域间的区域。将下段 JF017 断层（300°　∠80°　H=57m）至 102 盘区 C_2 煤层顶板回风大巷间的工作区设为第一探测区；将上段切眼至 JF019 断层（129°　∠83°　H≈60m）及下段 JF017 断层（300°　∠80°　H=57m）间的工作区设为第二探测区。

（四）探测工作量

1.第一探测区域测点布置

在集中进风斜巷布置测线1050m。频率15Hz共布置发射点22个，点距

50m，对应10101顶板瓦斯抽采巷接收点232个，点距10m；频率120Hz共布置发射点22个，点距50m，对应10101顶板瓦斯抽采巷接收点232个，点距10m。在10101顶板瓦斯抽采巷布置测线1050m。频率15Hz共布置发射点22个，点距50m，对应集中进风斜巷接收点232个，点距10m；频率120Hz共布置发射点22个，点距50m，对应集中进风斜巷接收点232个，点距10m。

2.第二探测区域测点布置

在集中进风斜巷布置测线750m。频率15Hz共布置发射点16个，点距50m，对应10101顶板瓦斯抽采巷（上段）接收点155个，点距0m；频率120Hz共布置发射点16个，点距50m，对应运输巷接收点155个，点距10m。在10101顶板瓦斯抽采巷（上段）布置测线750m。频率15Hz共布置发射点16个，点距50m，对应集中进风斜巷接收点155个，点距10m；频率120Hz共布置发射点16个，点距50m，对应集中进风斜巷接收点155个，点距10m。

（五）音频数据处理与资料解释流程

资料处理与解释方法有人工交会法与CT成像法两种。现在一般都用CT成像方法解释。交会法就是根据集流效应使得点源场中低阻良导电地质体方向上的电位下降梯度增大（高阻地质体情况，则刚好相反），根据异常曲线拐点来划分异常区间，并交会出异常范围的方法。这种方法人为因素影响较大，因人而异、误差较大。

层析成像法：1972首台X射线CT机问世，此后CT技术迅速渗透到其他领域，穿透波由X射线扩展到地震波、超声波、无线电波等。其探测应用范围也从人体扩展到整个地球物理探测。80年代中后期，S.Lee根据电磁波与地震波的相似性，实现了拟地震法电磁数据成像；我国在这方面的研究应用发展很快。现在地震波层析成像，无线电波层析成像等已取得了比较理想的地质效果。而YT120（B）音频电穿透仪电穿透法层析成像处理则是新的尝试。

YT120（B）音频电穿透仪的电穿透层析成像原理：矿井音频电穿透层析成像是利用穿过采煤工作面内的沿许多电力线（由供电点到测量点）的电位降数据来重建采面电性变化图像的。

第三节　富源县老厂矿区某煤矿槽波探测技术分析

一、概况

（一）目的与任务

为了查明富源县老厂矿区某煤矿1010201工作面断层等地质构造，保障工作面安全开采，对工作面进行槽波透射探测。经研究确定本次槽波探查工程的目的与任务如下：

（1）查明工作面内落差大于0.5倍煤厚断层；

（2）查明工作面内可能存在的其他具有一定规模的地质异常体。

（二）工作面概况

1010201工作面走向长约2150m，宽207m，开采C_2煤层。煤层全层厚0.12（30004孔）~6.65m（11311孔），平均1.13m。结构简单，含夹矸0~2层，一般0~1层，控制点含矸14个，占27%，含矸控制点夹矸单层厚0.01~0.44m，一般0.10m。为层位稳定的薄~中厚煤层，单一结构，偶有一层夹矸，为半暗型，中~富硫煤，块煤为主。顶板多为灰黑色泥岩及泥质粉砂岩，含黄铁矿结核，产腕足类等动物化石，是老厂矿区长兴组同期异相含煤沉积中含长兴阶标准化石的最低层位。该煤层为井田内第一层局部可采煤层，易于对比。以C_2煤层顶为龙潭组与长兴组的分界。

二、槽波地震勘探原理

煤系地层中，煤层是一个低速地震槽。煤层与其顶底板围岩比较总是以低速度、低密度，从而低波阻抗出现，煤层与围岩间的界面，一般呈现良好的反射面，在煤层中激发地震波，所激发的纵波、横波以震源为中心，以球面体波向四周传播，而以不同的角度入射到顶底板界面，如图7-9所示，当入射角小于临界角时，除部分能量反射回煤层中，大部分能量将透射到围岩中，返回到煤层中的能量，在煤层中来回多次反射，多次透射而迅速衰减（漏失模式）。当入射角大于或等于临界角时，则入射到顶底板界面的地震波能量将全反射回煤层，并在煤层中多次反射，禁锢在煤层中（正常模式），在煤层这个低速槽内向外扩散传播。其中上行、下行波在煤层中相互干涉、迭加，多数谐波成分相互抵消、削弱，而逐渐消失；只有满足一定条件的各种谐波，相对增强，在槽内相长干涉而形成垂直于煤层面的驻波，在煤层内不断向前传播，这就形成了槽波，也称煤层波。

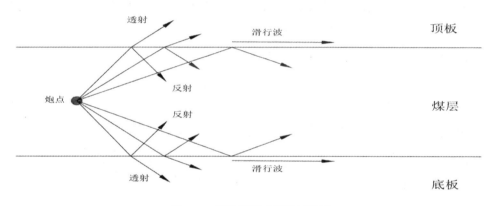

图7-9　槽波的形成原理示意图

由于不同体波干涉，形成的槽波具有不同特点，通常将槽波分为两种。

（1）瑞雷（Rayleigh）型槽波，这是由P波与SV波相互干涉形成的，其质点是在垂直于煤层，而包含射线的平面内作椭圆形逆行极化。

（2）拉夫（Love）型槽波。它是SH波与SH波干涉形成的，它的质点是在平行于煤层的平面、垂直于传播方向的平面内作线性极化振动，是一种纯SH波。所以说，槽波并非新的什么波，如同散频面波一样，槽波可以直观地看成平面体波在煤层，与围岩界面上多次反射和折射，规则干涉的结果。在煤层中激发出地震波时，槽波沿着围岩—煤层—围岩层序传播，它的波长与煤层厚度为同一数量级。由于围岩与煤层的速度比和密度比不同，在煤层的垂直距离上，槽波的振幅是不同的，由于低速地震槽和其直接条件的限制，槽波的振幅随着到震源距离的增加而产生的衰减，比在三维空间传播的体波要小。因此，煤层不仅对在煤层中的槽波，而且对相邻围岩中的槽波都是一个二维导体。煤层波与槽波概念是同义的，它包括在煤层及其邻近围岩中可记录的波的总和。

三、槽波探测仪器设备

矿井地震勘探仪器的发展大致经历了三个阶段：光点地震仪、模拟磁带地震仪、数字地震仪。对井下数字地震仪的基本要求是：防爆，最后设计为安全火花型（或本质安全型）；防潮、防尘、坚固、轻便；自动化程度高，易于操作；频率范围高达2kHz以上；道数可扩展，不少于12～24道，且与采用速率无关；瞬时浮点放大（IFP），动态范围、精度、噪声等指标不低于地面地震仪；使用两分量加速度或速度检波器。

仪器利用地震波射线穿透地质体，通过对地震波走时、能量和频率的观测，并经计算机处理反演，重现工作面内部的地质结构图像，可应用于矿井工作面槽波勘探和震波CT勘探等，可探测煤层的不连续性，如煤层厚度变化，矸石层分布，大、小断层，陷落柱，剥蚀带，古河床冲刷带，岩墙，老窑等；评估煤层地压的相对高带以及可能的瓦斯富集区，保证工作面的安全开采。

四、槽波透射法探测

目前，透射法是槽波地震勘探中基本的探测方法。透射法探测时，震源与检波器（排列）布置在不同的巷道内，在一条巷道内激发，在另一条巷道中接收，根据透射槽波的有无或强弱，判断震源与接收排列间射线覆盖的扇形区内煤层的连续性，如图7-10所示，当断层落差大于煤厚时，煤层波导完全阻断，一般接收不到透射槽波；在落差相当于煤厚30%～70%，煤层波导部分阻断，接收到的透射槽波能量较正常情况下由不同程度的减弱，有时速度也发生变化。槽波透射能量较强，实践表明在厚为1～3.5m的中厚煤层中，最大透射距离可达1000m以上。

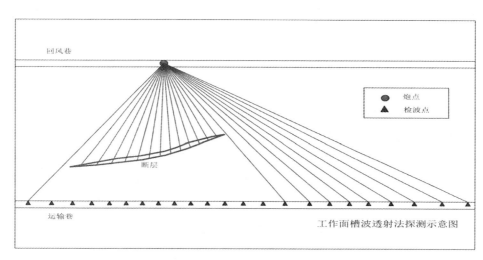

图7-10　槽波透射法探测示意图

透射法测量可以判断地质异常的有无，但尚不能识别异常的性质或类型，也不能确定异常准确的几何尺寸。如果透射测量的观测系统布置合适，覆盖面积大，重复次数多，透射法可大致圈定异常的范围，还可以用CT层析成像技术，更精确地圈定异常（如冲刷带、陷落柱等）的位置。

透射法以方法简单灵活、槽波检测处理和解释容易、探测范围大、准确率高而得到广泛应用；它同时还为反射法数据处理与资料解释提供速度等参数。因此，即使在以反射法为主的测量中，也要挑选合适地段进行一定数量的透射法测量。经验表明，在不能取得良好透射记录的区段，一般也得不到良好的反射记录。

五、槽法反射法探测

这种方法的有效波是反射槽波信号。如果槽波在煤层中传播遇到了煤层中的不连续体，即遇到了地震波的波阻抗（速度和密度差异）分界面，就会产生反射槽波信号。因此，识别出这些反射槽波信号就能直接判断出煤层不连续体所在的位置，如图7-11所示。炮点与检波点布置在同一巷道内，炮点就在排列附近。槽波反射法的最大优点是可以在一条煤巷中向两侧进行小构造的探测，这在采矿上的实用价值特别大。它是槽波地震探测技术的重要部分，但槽波反射法的应用有一定的局限性。

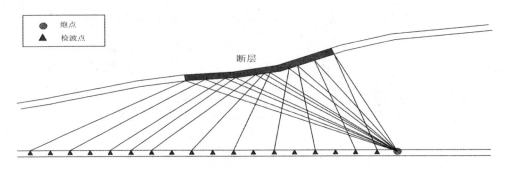

图7-11　槽波反射法勘探示意图

第四节　其他煤矿区瞬变电磁探测技术分析

一、地理位置

宣威市某煤矿，位于宣威市10°方向平距45km处，地处宣威市倘塘镇境内。矿区呈不规则多边形展布，由34个拐点圈定（主体范围26个，扣除区内韩家东山、启龙沟2个村庄范围8个），矿区东西平均长约3.2km，南北宽平均约2.5km，现采矿权矿区面积7.9072km²，开采标高2200～1600m。地理坐标（2000国家大地坐标系极值）：

东经104°13′41.510″～104°16′47.814″；

北纬26°25′01.014″～26°27′25.891″。

矿区有沥青乡村公路至倘塘镇8km接宣杨高速公路可渡–宣威二级公路、宣杨高速公路，至宣威市区40km，至曲靖156km，至昆明258km，至威宁约85km；经宣威至水城约160km（宣威至水城、曲靖、昆明均为高速公路），至贵昆铁路且距离火车站约15km，至宣威火车站约60km。交通总体较为方便。

二、探测方法

不同的岩层及含水性具有不同的导电性，是电法类物探工作的理论基础和物理前提，也是电法类物探工作进行地质解释的依据。瞬变电磁法由于对低阻地质体或含水地层反应灵敏。覆盖层、基岩裂隙和岩溶发育与完整基岩之间有着较大的物性差异（如介电常数、电阻率等），覆盖层及基岩裂隙和岩溶发育带的电阻率较完整基岩电阻率低，从而形成了不同的电性界面。当井下的煤层被采出后，在岩体中形成一定规模的空间，使周围应力平衡状态被打破，产生局部的应力集中，采空区在地应力的作用下发生形变、断裂、位移、冒落，形成了冒落带、导水裂隙带、变形带，其影响范围超过了采空区范围，直接影响其电性分布状态，形成的低阻体与围岩电性形成明显的差异。在地下水积聚及地表水沿裂隙向采空区渗透，采空区显现的视电阻率将发生明显变化，由高阻异常体转变为低阻异常体。这些地球物理特征为开展瞬变电磁法勘探提供了前提条件。

采用的瞬变电磁探测仪器为澳大利亚EMIT公司生产的SM24瞬变电磁仪测量系统。SM24仪器接收部分使用16通道的接收机，24位AD转换；探头有效接收面积为10000平方米的TEM-3垂向Z分量接收探头；发射部分使用ZT-30发射机，可以用电池或发电机供电，输出电流可达30A。

根据踏勘情况及时对现场地形地貌进行综合分析，在矿区已知采空区内对瞬变电磁仪器进行稳定性、噪声测试分析，通过选择多种不同的参数（叠加次数、发射频率、关断延时、发射电流、采集频率、装置类型等）组合进行对比试验，最终选择采用效果最佳、施工效率高的大定源装置（发射线框200m×300m，发射电流16A，发射频率12.5Hz，叠加次数512次）进行本次瞬变电磁的数据采集。

本次物探工作主要针对采空区的范围，去除了在采空区所在范围内煤矿生活、生产区域（由于生活、生产设施对瞬变电磁法影响较大，不具备施工的条件），对工作区共布置了29条物探测线，探测面积为2.417km²，基本达到了采空区的基本覆盖。

三、相关技术工作分析

对韩家沟某煤矿井下隐蔽致灾因素进行普查，包括对井下瓦斯赋存，了解井下涌水、采空水位置及积水量、矿井范围内老窑分布及积水情况、井下瓦斯情况、开采煤层顶底板情况等，本次普查主要通过收集、查阅矿区以往技术资料及取得的技术成果，对矿区地面地表水体、裂隙、老窑等进行调查和资料收集，对井下采空区及积水情况、瓦斯涌出情况、涌出变化情况及瓦斯聚集区、井下可能引起发火及采掘巷道、采煤工作面支护情况等进行调查分析，了解矿区目前矿井生产现状及相关实测数据，并结合地球物理勘探手段，通过仔细对比，论证分析得出矿区的隐蔽性致灾地质因素。

本次普查工作采用地面地球物理勘探和井下现场勘查、收集井上下资料相结合的方式进行。

本次地面调查完成主要工作量如下：

（1）收集、分析研究该区原有资料所取得的地质、水文地质、瓦斯涌出成果。

（2）实地调查韩家沟某煤矿的井下淋水、积水位置、抽排水情况等。

（3）实地调查矿区地质构造情况。

（4）修测1：5000地质及水文地质填图约15km^2。

四、煤矿主要隐蔽致灾因素普查

（一）水害致灾因素普查

1.采空区普查

通过本次调查：矿区采矿权范围内煤层开采年代较为久远，有较多井巷控制，采空区圈定是以井下现场核实为主，结合矿山的开采资料进行采空区圈定，并根据煤矿提供资料为依据通过本次地球物理勘探的低视电阻率区域进行推测圈定。

本次采空区含含积水区域推测方法采用矿井平均水位标高2050m水平以

下，采空有积水的可能性较大，0＜视电阻率＜44Ω·m的区域与矿井采空区重合的区域推测为采空区含含积水区域。根据《煤矿安全规程》专家解读，采空区积水量可以用下式计算：

$$Q_采 = KMF/\cos\alpha \tag{7-4}$$

式中：$Q_采$——采空区积水量，m^3；

K——充水系数，本次采空区系数参考下石盒子组、山西组和太原组的成煤条件及地质条件，得出本次采空区积水系数；

M——采空区的平均采高活煤厚，m，本次取煤矿提供的平均采高1.1m；

F——采空区含含积水区的水平投影面积，m^2，本次采用CAD圈定的平面数据；

α——煤层倾角，°，本次采用K_5煤层平均倾角10°。

由于本次物探得到的视电阻率难以分辨富水性强的区域与采空区含积水区域，故本次采空区含积水区域计算采用P_3x和T_1k地层平均静止水位标高2043.76m作为采空区积水的划分界限，本次物探推测有积水的采空区8处，积水水量见表7-2。

表7-2　物探推测采空区积水水量推算表

采空区	估算标高	采高	投影面积	煤层倾角	斜面积	充水系数	估算水量
	m	m	m^2	°	m^2		m^3
1号含含积水区	2010-1400	1.5	88558	10	89924.1499	0.1	13488.62
2号含含积水区	2010-1800	1.5	45899	10	46607.0661	0.1	6991.06
3号含含积水区	2010-1400	1.5	316213	10	321091.095	0.1	48163.66
4号含含积水区	2010-1900	1.5	459764	10	466856.601	0.1	70028.49

续表

采空区	估算标高	采高	投影面积	煤层倾角	斜面积	充水系数	估算水量
	m	m	m²	°	m²		m³
5号含含积水区	2010－1400	1.5	161576	10	164068.57	0.1	24610.29
6号含含积水区	2010－1400	1.5	64243	10	65234.0518	0.1	9785.11
7号含含积水区	2050－1400	1.5	243185	10	246936.521	0.1	37040.48
8号含含积水区	1950－1800	1.5	52771	10	53585.0777	0.1	8037.76
合计			1432209		1454303.13		218145.4699

本次推测采空含积水区8个。根据本次物探视电阻率剖面图中2050m水平以下区域视电阻率低于44Ω·m的低阻异常区范围较大，推断为富水或导水区域；与低阻异常区域重合的采空区推测为有积水的采空区，因此接近该低阻区域时也应严格按照《防治水细则》进行施工作业，严格执行探放水措施，并编制应急预案。

2.废弃老窑普查

通过本次普查，矿界范围外（矿井东部）有10个生产及废弃老窑。矿界范围内及周边废弃老窑情况见表7-3。

表7-3　矿界范围内及周边矿井、废弃老窑情况

序号	老窑（井筒）名称	开拓方式	最低标高	开采煤层	封闭时间	开采范围与本矿的关系	开采煤柱情况	充填情况	积水情况	威胁程度
1	柳树青煤矿	斜井	1850	8、9	2019年	矿区范围外	未开采	未充填	70000m³	有威胁
2	小窑沟煤矿	斜井	1789	9	2020年	矿区范围外	未开采	未充填	60000m³	有威胁
3	小露天煤矿	斜井	1800	9	2016年	矿区范围外	未开采	未充填	110000m³	有威胁

续表

序号	老窑(井筒)名称	开拓方式	最低标高	开采煤层	封闭时间	开采范围与本矿的关系	开采煤柱情况	充填情况	积水情况	威胁程度
4	乾鑫煤矿	斜井	/	/	/	矿区范围外	/	/	70000m³	有威胁
5	三宝镇煤矿	斜井	1850	8、9	2018年	矿区范围外	未开采	未充填	100000m³	有威胁
6	房后头脑子煤矿	斜井	/	9	2015年	矿区范围外	未开采	未充填	11000m³	有威胁
7	砖瓦房煤矿	斜井	/	/	/	矿区范围外	/	/	31000m³	有威胁
8	遮格冲煤矿	斜井	/	/	2014年	矿区范围外	/	/	12000m³	有威胁
9	营盘山煤矿	斜井	1800	8、9	2015年	矿区范围外	未开采	未充填	80000m³	有威胁
10	巴家沟煤矿	斜井	1800	8、9		矿区范围外	未开采	未充填	10000m³	有威胁

以上10个已关闭矿井与煤矿现采矿权边界相邻，且相邻边界边长约2.98km，分布矿区西、南、东部。各煤矿虽已关闭，但其关闭前均为斜井开拓，在关闭后存在地下水补给，会让未充填过的采空区和老巷充水，形成老窑水，对煤矿造成水害威胁。

矿井必须按要求在该区域设置防隔水煤柱，当生产及开拓靠近该区域时必须严格按《煤矿防治水细则》等相关规程要求进行作业。

根据收集以晚地质资料可知矿区范围内存在钻孔为原恩洪矿区清水沟全井田历次勘查阶段施工钻孔资料，全井田施工有效钻孔356个，总进尺90687.92m。全区钻孔均按《煤炭资源勘探工程钻探规范》要求施工，采用泵入法水泥浆进行封孔，并在主要含煤层位进行了取样检查验收工作，封闭后钻孔均作孔口永久性标志。目前，在矿井生产过程中揭露的29个钻孔充填严实，未出现积水现象，矿区内的钻孔封闭良好，对矿井的开采无安全影响。

（二）裂隙、断层和褶曲普查

矿区内断层发育，受断层影响，谷中基岩破碎，低序次节理裂隙发育，有利于储存地下水。本次物探断层两侧视电阻率呈连续性易形成导水通道，矿区内断层的富水性较弱，导水性较好，导致大气降水通过断层带裂隙渗入矿坑，增加了矿井的涌水量，对矿区矿床充水有一定的影响。

（三）煤矿含水体普查

1.地表水

区内的地表水由北向南分布有溪沟，其最终注入南盘江，属南盘江流域，珠江水系。其中雨季除恩洪河（新村河）流量达121.53l/s外，其余流量均小于0.5l/s，有的甚至雨季也出现干涸。矿区西侧外围约3km的独木水库为一大型水库，其汇水面积220km²，水源以井田西北角河泥村泉群补给为主，据清水沟井田资料，地质厅地质六队三个单孔抽水试验，水库对地下水影响深度一般为16～50m，即相当于本区风化带深度。根据地下水动力学计算，影响半径为53.4～181m，矿区地层倾向也不利于水库水流向矿井。由以上判断现状下水库水对矿井没有产生影响，但随着资源的大面积开采，高强度疏排地下水而极大改变地下水流场，可能导致水库对矿井的侧向补给，从而引发特大突水事故。因此，矿方需对水库与矿井做专项工作，加强监测，预防事故发生。矿井的北侧有一冲沟的临时性洪水也沿塌陷裂缝直接灌入矿井，造成矿井涌水量由6.8m³/h突增至162.5m³/h，导致矿井被淹。均对矿床的开采构成一定威胁。

2.煤矿含水层

二叠系上统龙潭组第四、五段（P_3l^{4+5}）砂、泥岩弱裂隙含水层，岩性以灰色粉砂岩为主，间夹砂质泥岩、泥岩及菱铁矿薄层。无泉水分布，有清水沟矿区所做抽水孔3个，单位涌水量为0.0003～0.0963l/s.m；二叠系上统龙潭组第二、三段（P_3l^{2+3}）砂、泥岩裂隙弱含水层，岩性以中厚层状粉及细砂岩为主，间夹砂质泥岩及泥岩，据清水沟井田精查（补充）地质报告所做抽水孔可知单位涌水量为0.0003（CK3/6-44线）～0.0006（CK4/6-37线）l/s.m；二叠系上统龙潭组第一段（P3l1）砂、泥岩相对隔水层，岩性以细砂岩、粉砂岩为主，夹砂质泥岩、泥岩、炭质岩及煤层，据清水沟井田精查（补充）地质报告抽水孔试验可知单位涌水量为0.0002（CK5/6-39线）~ 0.0007（CK4/6-42线）l/s.m。

含水层直接接受大气降水的补给，受地形地貌、风化裂隙及含水层岩性的控制，地下水补给条件从矿坑涌水量情况及钻孔抽水试验资料分析，含水层的富水性弱，是矿床的直接充水含水层，对矿床充水有直接影响。

3.物探含水区域分析

本次物探工作由于矿区部分区域受高压线及通信电缆影响，数据波动幅度较大，数据处理过程中对部分无效数据进行了删选，数据分析实测地表542个测点，24932个视电阻率数据，对数据进行了数值区段分析，视电阻率<44Ω·m的数据6012个，占比24%；44Ω·m<视电阻率<56Ω·m数据6485个，占比26%；56Ω·m<视电阻率<100Ω·m数据9432个，占比38%；101Ω·m<视电阻率<150Ω·m数据2257个，占比9%；151Ω·m<视电阻率<200Ω·m数据633个，占比3%；视电阻率>200Ω·m的数据113个，占比1%不到，详见图7-12。

视电阻率区段图

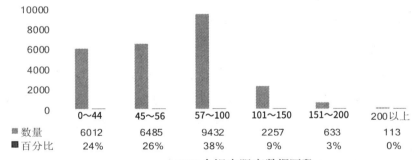

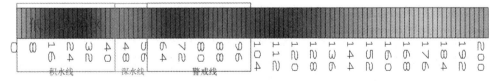

图7-12 视电阻率区段图

视电阻率<44Ω·m低阻异常区（推测集中含含积水区）；图中灰色至浅绿区域，此区域较低阻异常区是测区内目标地层局部导电性较好的区域，也是含煤地层区域，地层中含、富水性强。通过本次物探成果判别红色线为积水线。

视电阻率45～56Ω·m相对低阻异常区（推测裂隙发育含水区）；图中浅绿至深绿色区域，目标层为承压弱裂隙含水层。含水层同煤系地层之间的隔水层很薄，对矿床充水影响较大，特别在深部揭露导水断裂或开采产生冒落裂隙带时破坏隔水层，导通含水层，成为矿床上覆间接充水含水层，致使矿坑涌水量增加，产生不安全因素。通过本次物探成果判别黄色线为积水线。

视电阻率57～100Ω·m区（推测裂隙相对发育含水区）；图中深绿至线紫色区域，目标层为承压弱裂隙含水层。含水层同煤系地层之间的隔水层很薄，对矿床充水影响较大，特别在深部揭露导水断裂或开采产生冒落裂隙带时破坏隔水层，导通含水层，成为矿床上覆间接充水含水层，致使矿坑涌水量增加，产生不安全因素。通过本次物探成果判别蓝色线为警戒线。

大于200Ω·m视电阻率，相对高阻异常区（推测采空区或高阻矿物）图青色区域，高阻异常区是测区内目标地层局部导电性较差的区域，导电性越差，视电阻率值越大，而地层中出现岩溶、采空区等孔隙时，导电性较差，电阻率高阻异常可反映与采空区有关的信息。但高阻矿物（如石英、云母等）成分较高时导电性差亦出现高阻异常区。矿区与相邻关闭矿井间存在采空，但从地表调查可知，其已塌陷从视电阻率图未能清晰显示。

（四）导水裂隙带普查

根据对矿区及相邻矿区矿井的调查，矿坑总涌水量的70%～80%来自地表以下垂深100m以上，矿坑涌水主要表现为岩巷粉砂岩和细砂岩渗水、采空塌陷区煤层顶板淋水、滴水，岩巷粉砂岩和细砂岩渗水量小，采空区积水通过塌陷裂隙流入煤、岩巷的水量较大。矿区主含煤段岩性主要为粉砂岩、泥质粉砂岩、粉砂质泥岩、泥岩组成，计算参数及结果见表7-4，累计开采16

层煤层平均总厚24.04m，形成的导水裂隙带最大高度为47.57m，3煤层上距卡以头组底界约66m。在开采条件下，冒落导水裂隙带高度将会达到T1k含水层组，局部地段可能达到地表，T1k含水层组对矿床充水有间接影响。

表7-4 导水裂隙带最大高度计算表

累计平均采厚M（m）	煤层倾角	岩石抗压强度（MPa）	顶板管理方法	冒落带最大高度（m）	导水裂隙带最大高度（m）
24.04	10～20°	10～40	全部陷落	96.16	47.57
备 注	1.冒落带计算公式为：$Hc=（3～4）M$ 2.导水裂带计算公式为： $$Ht=\frac{100M}{3.3n+3.8}+5.1$$ 式中：M为煤层平均采厚；n为煤层层数，本次计算$n=16$				

（五）崩塌、滑坡堆积体水文地质特征及对煤矿床充水的影响

矿区主要分布有三叠系和二叠系碎屑岩地层，据清水沟井田精查报告矿区滑坡、崩塌等地质灾害较发育，矿区内有一处滑坡堆积体，位于矿区东部，岩层为软弱相间，沿软弱面滑动，近期未见活动，其形成原因均属山体地形较陡，岩石强风化，并有倾向坡外的不稳定构造和风化结构面，在大气降水和重力等作用下形成的浅层扒皮式滑坡，分布有限，无实际水文地质意义，对矿床充水无影响。但矿区地面塌陷开裂等次生环境问题较为突出。煤层采空后形成的塌陷裂隙已发展至地表，塌陷深度0.40～0.70m，裂隙宽度3～7cm。大气降水易沿塌陷裂隙迅速补给矿坑，加大突水的可能性。煤矿在生产过程中，应加强采空区的管理，尽可能采用回填式采煤方法，尽量减小冒落空间，不致使地面产生较大范围的塌陷及引起山体滑坡。对目前已形成的塌陷裂隙可选用回填碾压方式处理，或在已产生裂隙区域的上方挖排水沟，尽量减少大气降水的渗入，防止灾害事故的发生。

（六）不良地质体普查

本次普查，通过收集相关地质勘查资料、现场查看、询问方式，在矿区内未发现古河床冲刷带、古隆起、天窗、陷落柱、封闭不良钻孔等不良地质体。

（七）水害致灾因素小结

通过本次工作，受采掘破坏或影响的含水层及水体条件中等；矿井及周边老空水分布状况条件中等；矿井涌水量正常涌水量为51.49m³/h，最大涌水量为97.46m³/h；矿井的北侧有一冲沟的临时性洪水也沿塌陷裂缝直接灌入矿井，造成矿井涌水量由6.8m³/h突增至162.5m³/h，导致矿井被淹；采掘工程受水害影响，如老空水对煤矿的开采有一定影响，但影响不大，矿区断层发育，断层具有导水性；矿井防治水易于进行。综合评定矿井水文地质类型条件为中等。

1.防治水措施

（1）认真调查矿井及周边小煤窑采空区情况，建立数据库，对周边小煤窑的采掘情况进行定期调查。重点是那些采空塌陷涉及地表水的小窑。

（2）在回采浅部边角煤层时，对周边的旧采区及老空一定先探水、放水，且认真检查历史资料，以免发生突水事故。

（3）在做好有关水文地质资料的收集、整理的同时，对水量及水质进行定期资料建档，同时做好抽、排水设备的检修工作。

（4）对不同含水层的治理方法

煤层采动后底板裂隙含水层沿裂隙渗入矿井；且由于顶板砂岩含水层裂隙相对发育，连通性较好，富水性较强，涌水量较大，不易于疏干的特点，因此，对采掘影响较大，治理方法较难。

（5）对本次地球物理勘探确定隐伏断层、导水断层，矿方在生产过程中应进一步勘查验证，并留设防水煤柱，以确保安全开采。

（6）对本次地球物理勘探范围内存在的水害问题，结合生产实际提出有针对性的矿井防治水对策措施，并做好超前探等防治水工作，以确保安全开采。

2.防治水建议

（1）防治水工作应当坚持预测预报、有疑必探、先探后掘、先治后采的原则，根据不同水文地质条件，采取探、防、堵、疏、排、截、监等综合防治措施。

（2）断层水害的防治建议：①井巷通过导水或可能导水断层前，必须超前探水。探水线（探水起点）至断层交面线的最小距离不得小于20m，预计水压大于2MPa时应按比例增大。②当井巷通过含（导）水断层时，要严防来压冒顶突水或迟到突水（突泥砂），并建议采掘部门采取相应的防水措施。③对与强含水层连通的导水断层，必须按规定留设防隔水煤柱。

（3）地表水的防治措施：①继续加强对综放采煤工艺下井下开采冒裂带高度的研究，同时严密监测地面岩移情况，发现地面斑裂，采取砼充填或黄土充填，堵塞地表水下泄通道。②应成立水害防治机构，制定防治水管理制和责任制，编制雨季"三防"措施及年度防水计划。在生产过程中定期收集、调查掌握采空区积水情况对本矿的影响，编制水患调查报告，以便更好地防范山洪对矿井的威胁。

（4）地表水的防治措施：加强对开采冒落带高度分析研究，同时严密监测地面岩移情况，发现地面斑裂，采取砼充填或黄土充填，堵塞地表水下泄通道。应严格落实好雨季"三防"计划，积极防范山洪对矿井的威胁。

（5）老空水的防治：生产中发现老空水后应在采掘工程平面图上标明含积水区及其最低点的具体位置和积水外缘标高，积水外缘外推30m标出探水线，探水线外推40m标出警戒线。以平面图、剖面图确切反映含积水区与采掘工作面的空间关系。要分析其主要的充水因素，预计可能的积水量和动水量。超前探放老空积水，同时要制定预防有害气体溢出伤人的专门措施。当煤层顶板有含水层和水体存在时，应设计钻孔探放，并观测"三带"发育高度。

（6）矿井防治水中长期编制的建议：随着煤层开采向深部延展，开采范围的不断扩大，各种矿井水害问题会逐步暴露，为了安全有序地生产，及时编制水文防治水的长期规划，尤其在巷道掘进和工作面回采阶段，加强多种探测手段与防止措施的合理结合，建议布置动态观察孔，指导矿井防治水工作。

（7）建议针对各周边煤矿的老窑和采空区积水水患防治编制应急预案。

参考文献

[1]刘生优，张光德，王世东等.煤矿水害防治理论与实践[M].北京：应急管理出版社，2021.

[2]国家矿山安全监察局.十三五期间全国煤矿水害事故分析及案例汇编[M].北京：应急管理出版社，2022.

[3]陈引锋.矿井水文地质[M].徐州：中国矿业大学出版社，2018.

[4]张博，王勇.矿井水文地质学[M].徐州：中国矿业大学出版社，2021.

[5]武强，刘守强，曾一凡.煤层底板水害预测评价理论与防控技术[M].北京：煤炭工业出版社，2019.

[6]靳建伟，李桦.煤矿安全[M].徐州：中国矿业大学出版社，2018.

[7]沈铭华，王清虎，赵振飞.煤矿水文地质及水害防治技术研究[M].哈尔滨：黑龙江科学技术出版社，2019.

[8]马金伟.煤矿防治水实用技术[M].徐州：中国矿业大学出版社，2018.

[9]中国煤炭工业安全科学技术学会安全培训专业委员会，应急管理部信息研究院.煤矿探放水作业[M].北京：煤炭工业出版社，2019.

[10]中国煤炭工业安全科学技术学会安全培训专业委员会，应急管理部信息研究院.煤矿安全检查作业[M].北京：煤炭工业出版社，2018.

[11]丁湘，申斌学，郑忠友等.深部侏罗系矿井充水强度评价与水害风险管控[M].北京：应急管理出版社，2021.

[12]申建军，武强.顶板水害威胁下"煤-水"双资源型矿井开采模式与工

程应用[M].北京：冶金工业出版社，2019.

[13]刘建功，啜晓宇，李玉宝，高会春.河南煤矿矿井灾害防治与管理技术[M].郑州：河南人民出版社，2018.